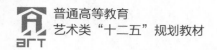

普通高等教育
艺术类"十二五"规划教材

产品系统设计

Product System Design

张宇红 编著

人民邮电出版社

北 京

图书在版编目（CIP）数据

产品系统设计 / 张宇红编著. -- 北京 ：人民邮电
出版社，2014.10（2024.1重印）
普通高等教育艺术类"十二五"规划教材
ISBN 978-7-115-36070-0

Ⅰ. ①产… Ⅱ. ①张… Ⅲ. ①产品设计－高等学校－
教材 Ⅳ. ①TB472

中国版本图书馆CIP数据核字(2014)第205553号

内 容 提 要

本书共分为 6 章，主要内容包括：产品系统设计概念，产品系统设计要素，产品创新设计思维与方法，产品系统设计流程，产品系统设计案例，产品系统设计发展趋势。全书利用具体的设计案例全面地介绍了产品系统设计，同时阐述了产品系统设计的发展趋势。

本书可作为普通高等院校、高职高专院校工业设计和产品设计专业相关课程的教材，也可作为从事工业设计相关技术人员的参考用书。

- ◆ 编　　著　　张宇红
　　责任编辑　　许金霞
　　责任印制　　彭志环　　焦志炜
- ◆ 人民邮电出版社出版发行　　北京市丰台区成寿寺路 11 号
　　邮编　100164　　电子邮件　315@ptpress.com.cn
　　网址　http://www.ptpress.com.cn
　　三河市君旺印务有限公司印刷
- ◆ 开本：787×1092　　1/16
　　印张：9　　　　　　　　　2014 年 10 月第 1 版
　　字数：219 千字　　　　　2024 年 1 月河北第 11 次印刷

定价：28.00 元

读者服务热线：(010)81055256　印装质量热线：(010)81055316
反盗版热线：(010)81055315

前言

在当今产品多样化的世界里，如何让自己的产品成为顾客的宠儿，是设计师要考虑的重要问题。不是所有产品设计出来就有市场、有利润、有前景的，它们随时都可能被时代、被潮流、被用户抛弃。对于设计师来说，仅仅做好以往的设计是不能长久的。设计师必须将产品系统设计作为主修，才有可能使其设计的产品成为市场的下一个主导。

一个好的设计应满足多方面的要求。首先，应解决顾客所关心的各种问题，如产品功能、易用性等。在设计产品时，必须从市场和用户需求出发，保证产品使用的安全性、可靠性，使人机工程性能充分满足使用要求。其次，要满足社会发展的要求。在开发先进的新产品时，加速技术进步是关键。再其次，要满足经济效益要求。设计的产品应将节约能源和原材料、提高劳动生产率、降低成本等作为目标。最后，产品设计要考虑美学问题，将产品外形和使用环境、用户特点等相联系，设计出用户喜爱的产品，提高产品的欣赏价值。

产品设计经过多年的发展已取得了丰硕的成果，从工业革命以来，设计的门类越来越多，设计的对象越来越复杂。随着交互设计、服务设计等新兴设计专业领域的兴起和成熟，设计的范围不断扩大，种类繁多，构成了一个庞大的系统。不同的设计有很多相似性和差异性，产品系统设计由此发展演变而来。

产品系统设计的思想就是对设计问题进行系统化的研究和思考，用系统的方法加以解决和处理。所谓系统的方法，就是用系统化的思想来做研究，要专注于整体与部分以及与外部环境之间相互的关系，切不可片面地思考问题，目的是找到处理问题的最佳或最适合的方法。

产品系统设计的思想是指导产品设计师进行设计工作的重要思想，与产品系统思想一样，产品系统设计思想分为产品设计内部系统思想和产品设计外围系统思想。

本书将用六章讲述产品系统，包括绪论、产品系统设计概述、产品系统设计要素、产品创新设计思维与方法、产品系统设计流程、产品系统设计案例、产品系统设计的发展趋势六章内容，全书由张宇红编著并统稿。

在本书的编写过程中，得到了李世国教授及其他老师的帮助和支持，特别要感谢江南大学设计学院的郑卫东、李明玲、李超、孙文洁、郭云云、郭帅、于康康等收集资料并整理文档。最后还要感谢我的家人给我的关怀和支持。

本书还得到了 2010 年度江苏高校哲学社会科学重点研究基地重大项目（工业设计创新系统理论研究编号：2010JDXM005）和 2011 年度教育部人文社科规划基金项目（编号：11YJA760037）的资助。

产品系统设计在我国目前仍属发展中的学科，还有很多有价值的研究领域值得我们去探索和开拓，由于编者水平有限，书中错误和遗漏在所难免，恳请读者批评指正。

编　者
2013 年 12 月 18 于江南大学

作者简介

　　张宇红，江南大学设计学院教授，硕士生导师，教授级高级工程师。河南省开封市学术和技术带头人培养对象市级"555"人才，河南省开封市第九届政协常委，并入选河南省人事厅高评委人才库。

　　主要研究方向：产品设计研究、机械设计研究、交互设计研究。

　　近年来主持的产品设计，获省优秀新产品新技术二等奖一项、省科技进步二等奖二项，获国家实用新型专利六项。通过省级科技成果鉴定十项、通过市级科技成果鉴定三项。在教学工作中，获省教育厅一等奖一项、省社会科学界联合会一等奖一项、省教育厅及社会科学界联合会二等奖一项、省实用社会科学优秀成果评审委员会三等奖一项。发表核心期刊论文二十余篇、编撰书籍教材三本。获国家外观专利二百余项。指导的学生作品，获得德国"红点"工业设计概念奖两项、IF设计奖一项。它们被公认为全球设计大赛最重要的奖项，在国际工业设计领域更素有"设计奥斯卡"的美誉。

目　录

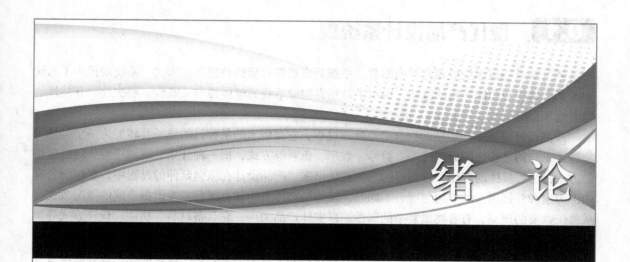

绪 论

 本章要点

　　绪论主体内容分为三节，主要介绍现代产品设计系统观、现代产品设计的发展和现代产品的系统化特征。采用总分的行文方式，首先总体介绍现代产品设计系统观，从而引出现代产品设计的发展和现代产品的系统化特征的论述。现代产品设计系统观系统地讲解现代产品设计的系统理论，现代产品设计的发展介绍对现代产品设计系统观进行进一步的解析，并提取出现代产品的系统化特征。

 学习目的与要求

　　绪论主要阐述现代产品设计系统的相关理论，要求学生对现代产品设计系统有一个系统化理论性层面的认识，同时结合现代产品设计的发展解析相关理论并了解现代产品的系统化特征，为后边的学习找准方向、理清思路。

0.1 现代产品设计系统观

系统观是指以系统的观点看自然界。系统是自然界物质的普遍存在形式。系统观提出了系统和要素，结构与功能等新的范畴，揭示了自然界物质系统的整体性与关联性、层次性、开放性、动态性和自组织性。

产品设计是一个创造性的综合信息处理过程，它是将人的某种目的或需要转换为一个具体的物理或工具的过程，即通过线条、符号、数字、色彩等方式，把一种计划、规划设想、问题解决的方法，通过具体的载体，以美好的形式表达出来。产品设计在纵向延伸的过程中，要经历自身内部因素和外部因素的碰撞与磨合。同时，延伸的具体方向和方式都需要根据不同的境况改变。从属于物质的产品，有着物质复杂的属性。以实体产品为例，它具备材料、功能、设计方式等属性要求，这里的每一种属性都可以自成为一个学科，都是一个庞大的工程。产品设计需要整合这些庞大的工程，以每种产品独有的方向和方式延伸到美好的形式，这个过程的庞杂性和难度可想而知。理清这一过程使其按照既定的方向走下去，最终得到希望的结果，需要系统化地看待这个过程，去了解和解剖这一系统，总结系统的规律，并结合着产品设计的特性发展这一系统，最终为产品设计服务。时代特性已抛弃了设计师的异想天开，信息化社会要求的多样性的产品服务只有完整的设计系统才足以支撑。以系统化的方式去看待产品设计问题形成了产品设计系统。现代产品设计系统观认可产品系统设计拥有前面提到的自然界物质系统整体性、关联性、层次性、开放性和动态性、自组织性的这些属性，清楚认识到这些属性将会很好服务现代产品设计。

0.1.1 整体性与关联性

整体性和关联性是相对的，这是一个辩证统一的问题。现代产品设计系统观将产品设计归纳为一个完整的系统，系统里有各种不同的组成元素。完整的系统和组成元素之间是相互依托的，只有处理好组成元素之间的关系，系统才能够稳定并流畅地按系统流程进行下去，产品设计才能够得以顺利有效的进行。同时只有系统完整的存在，才能使各种组成元素为一体，发挥合力，使整个系统能够合理有效的存在。

信息化的时代是知识爆炸，学科体系复杂多变，知识更新速度前所未有的时代。时代背景对产品的存在形式和使用方式提出了新的挑战。了解时代特点，整合各种技术是当代产品系统设计的必由之路。这就要求产品系统设计整合内部组成元素，并吸收新时代的技术成果，寻求新的解决方式。

0.1.2 层次性

现代产品设计系统观指出产品设计系统具有层次性，并不是说某些组成元素不重要或者是想剔除某些处于不重要的层次的系统组成要素。不同层次的元素在重要性上没有可以比较的统一标准，为了达到美好的彼岸，缺一不可。这里的层次性主要是体现在先导性和存在性上。没有需求的设计自然没有存在性，那么这一性质在一定程度上就决定了需求分析或者是发现需求在整个产品设计系统中的先导性层级的位置。同样，对于旨在解决现存问题的产品设计，设计的可存在性就显得更加重要了，如果因为技术或者其他的限制因素而造成了存在性的缺失，只有寻求新的解决方式。

现代产品系统设计的层次化的具体表现并不是固定不变的。在不同的技术背景，文化背景下，针对不同的设计解决方案都有可能呈现不同的元素层次优先级。

0.1.3 开放性和动态性

现代产品设计系统是一个开放的系统，这主要取决于设计的特性，设计总是吸收时代进步带来的成果为己所用，为审美、使用习惯、行为方式和文化背景可能完全不同并且不断更迭的人们提供解决方案。新的时代背景，新的受众，赋予了设计新的起点和新的终点。当时代的成果成为设计的起点时，产品设计系统需要新的接受和运用方式；当面对新的受众时，又要求产品设计系统有新的表达方式。

开放性和动态性是产品设计系统的存在特征和生存方式。开放性是接受新理念、新知识的必然要求；动态性是消化新的设计素材和满足新的设计要求的必然结果。除去了开放性和动态性的产品设计系统也一定会像褪了色的老产品，满足不了新时期人们的要求，最终会被抛弃。

0.1.4 自组织性

现代产品设计系统是以一个系统的形式存在的，系统包含的组成元素以一个完好可运行的整体存在，体现出它良好的组织性。它的自组织性体现在产品设计的组成元素的运动和形成组织结构不是在外来特定的干预下进行的，不是受外指令的结果。产品设计系统的运动是自发的，其自发运动是以系统内部的矛盾为根据，以系统环境为条件的系统内部以及系统与环境的交叉作用的结果。

没有需求的设计，市场定位不准的设计，必然会失败。带来这些设计信息的需求分析，市场调查和分析等产品设计系统的组成元素，因彼此的不可缺性而自发组成了一个牢固的系统，同时这些组成元素又是相互磨合调试的，如果其中一个组成元素没有发挥好应有的作用，必然影响到与之相关的组成元素。产品设计系统组成元素的动态磨合体现它的自组织性。

现代产品系统设计观中产品设计系统的特性，是我们了解产品设计系统的切入口。深入了解产品设计系统的特性是更好地掌握这一系统观和更好服务设计的必然要求。

0.2 现代产品设计的发展

生活的方方面面都需要有产品的支撑，产品已成为人们生活方式的具象存在形式。随着人类社会的发展，人们越来越注重生活的品质，生活的品质体现在生活中的产品品质，那么产品设计自然越来越受重视。产品品质的提升是产品设计的必然结果，产品设计的进步得益于人类社会的文明成果。文明成果是产品设计提升的操作方式，是扩大设计素材的源泉。人类文明成果的积累是随着社会的发展逐渐演进的，自然产品设计的演进是沿着人类历史演进的轨迹进行的。

产品设计是伴随着人类的出现而出现的，人类需要将一些不适宜人类生存使用的自然资源加工成所能利用的工具，人类社会的发展就是人类将自然界当做素材进行设计的过程。从打制石器时代的粗糙石器到信息化时代的谷歌眼镜 (见图 0-1)，现代产品设计经历了一个改造和提升人们存在方式和使用方式的过程。产品设计所定义的存在方式的合理性和可存在性成为其一直延续下来的重要原因。这种合理性和可存在性具体落到产品上表现为功能性。无论处于何种时代，产品必须具有满足某些具体需求的功能。这里的功能是一个大功能的概念，包括物质功能和精神功能。

打制石器是人们粗加工自然材料而得来的满足最基本需求的生活工具，谷歌眼镜集智能手机、GPS、相机于一身，在用户眼前展现实时信息，只要眨眨眼就能实现拍照上传、收发短信、查询天气路况等操作。从这两种产品材质、功能、设计方式的对比上能够清晰地感受到现代产品设计的发展历程。

图 0-1　谷歌眼镜

0.2.1　材质

最早的石材与木材，其后的金属、塑料，到今天的合金和各种生物材料，材料是最能体现现代产品设计发展历程的属性。产品设计包容性地收纳了整个材料学科的成果为己所用。材料学是研究材料组成、结构、工艺、性质和使用性能等相互关系的学科，为材料设计、制造、工艺优化和合理使用提供科学依据。现代材料学科更注重研究各类材料及它们之间相互渗透的交叉性和综合性。材料学科是需要强大技术支撑的学科，新技术、新发现能够带来材料的革新。

从历史的发展可以看出，材料的革新必将带来产品颠覆性的改变。新的材料首先会改变外观属性，塑料因其不同以往材质而其有晶莹的质地，一度成为被人们称赞的装饰物的材质。新的材料继而带来的是结构形式的改变，这种改变总能给人们带来震撼的感觉，因为形式上的变革能给人明晰的印象。受材质的限制，椅子最初总是逃脱不了方形和圆形的束缚，这种长久的产品既定形式似乎已定义了椅子的表现形式。当一体成型塑料椅子（见图0-2）出现时，人们惊为天物。材料对产品使用方式的影响最为明显也最具意义。它的影响扩散到人们的衣食住行，人类的服饰从最初的兽皮树叶到如今玲琅满目的各类服饰，从煮食用的青铜器大尊到各类合金锅，从木质的轿到金属装甲的轿车。材质革新一直在改变着人类的生活方式，并将以一种人类无法预测的方式来改变未来的生活。

图 0-2　全球第一张一体成型的塑料椅

0.2.2　功能

现代产品设计对产品功能的提升是不言而喻的。同样拿打制石器和谷歌眼镜作为例子，打制石器唯一的考量点就是功能，它的出发点就是切割猎物，所以现代产品设计所考量的形式因素、色彩因素等其他因素都不会在这个设计上得以体现，它是最原始最彻底的"功能决定形式的设计"。谷歌眼镜是集通信、娱乐、信息查询功能为一体的现代智能产品的代表。这类智能产品的功能定位已不局限于某一点，慢慢趋向于一个面，而且有扩大的趋势，这个面正试图满足适用者越来越多的功能需求。

现代产品设计功能的表达已由满足人们生活的某一种需求转向延伸和扩展人类本身的某一种生理功能。这种功能的转变使产品的使用方式更加的人本化，消去了人们理解产品功能和使用方式的障碍。谷歌眼镜就是对人类眼睛功能的延伸，能够看到人类健康的眼睛所能看到的，更能看到人类本身眼睛所不能触及的信息，无限放大了眼睛"看"的功能，是对人类生理功能的放大，人本化的功能定位方式会是未来产品设计的方向和突破点。

0.2.3 设计方式

现代产品设计的成熟之处在于形成了完整的系统，并且系统能够在动态中更新。有生机、完善的系统能够保证设计按不失灵活的既定流程高效进行。系统化的设计方式是由最原始的设计方式演化而来。从最早为了获得生存空间，人人参与制作的原始方式，逐渐发展到能工巧匠凭借经验积累来制作并代代相传的方式。现代产品设计已逐渐演变为一门学科，自然而然地发展成为科学的流程。系统科学的流程能够给设计指明道路，提高工作效率。

现代产品设计是系统的科学，在具体的设计中，与早期设计的自我摸索不同，现代产品设计采用系统论和方法论整合各学科的成果以达到希望的结果。

0.3 现代产品的系统化特征

随着人类社会的发展，一切都变得异常的丰富。多往往就会变得丛杂，但世界依然井井有条地运行着，这得益于人类的智慧。系统化的生产方式，系统化的分类使一切都在既定的轨道运行着。人们周边的产品，是多么复杂和庞大的一个群体，可称为一个令人惊叹的奇观。而且这个群体还在随着时间的推进继续丰富。现代产品的系统化特征使其能够更好地适应社会、服务于社会、并能够使自身得到持续健康的发展。现代产品的系统化特征主要表现在以下几个方面：产品多元化、产品系列化和产品信息化。

0.3.1 产品多元化

产品多元化是现代产品系统化最显著的特征。人们常常拿琳琅满目来形容多，但用这个词来形容现在的产品世界显得远远不够，我们无法确切地用一个词去衡量产品世界的大小。人类社会以产品多元化形式展示积累的成果，产品多元化是对人们多元化需求的回应。产品多元化尽最大可能地细化着消费者的需求，以期达到最好的服务。这种细化体现出了产品系统特征的成熟与市场融合的成功。需求的细化主要体现在以下 3 点。

1. 满足不同年龄段消费者的需求

通过年龄可对消费者进行比较明显的区分。不同年龄段的人接受能力有很大的差别。年轻人反应敏捷，能够很快熟练使用具有突破性的全新产品，全新产品对老年人来说可能就完全是灾难了，同样儿童也不适宜操作这类产品。这三类人群在色彩、图标、表现形式的喜好上也完全不同。不同年龄的人的使用习惯不同，年轻群体因为工作繁忙更喜欢一些操作简捷的产品，而老年人因为空闲时间比较多，是相对容易产生孤独感的人群，

图 0-3 老年人手机

那么对他们来说类似快餐一样的产品是不合适的，他们需要被提供一个产品体验的过程，在这个过程中最好能够体验到存在感和充实感。不同年龄段需求的细化催生了更多的产品，像老年手机（见图0-3）、儿童浏览器、老年电动车等类似的产品。不同年龄段的需求扩大了产品在同一时间点上横向的延伸广度，并且切割得更加精细，能够更好的满足不同年龄群体的需求。

2. 满足不同性别消费者的需求

这是自然界强加给人类的选择标准，生理上的区别使两类不同的消费者呈现出完全不同的消费选择。男性在产品形式上倾向于有力量感和外显性的产品，女性倾向于柔情和内敛的产品；男性更愿意使用冷峻严肃的色彩图案，而女性偏爱一些清新活泼色彩图案等，性别不同所带来的选择不同需要深入的研究，当然选择的决定因素并不完全是性别，长久以来的文化背景促成和奠定了现状。所以在满足现状时，我们看到了越来越多的女性手机、女性计算机和女性汽车（见图0-4）等。这些区分正在冲击着以往为男性社会所主导的产品世界的一致性，使产品在色彩和形式上更加的丰富，最终体现在了日益繁多的产品种类上。

图0-4 女性汽车

3. 满足不同文化背景消费者群体的需求

文化背景是最根深蒂固的选择标准，文化背景催生了不同的制度，不同的信仰，自然造就了诸多不同的选择，加上全球以文化背景为区分的群体的庞大基数，需求种类的繁多可想而知。在满足这些需求的同时，现代产品系统必将变得异常的丰富多彩和庞大。

不同文化背景催生的不同制度为某些产品确定了不可变更的标准，这也就人为地扩大了产品的纵向延伸度。英国的汽车右驾左行，源于以名誉为"第一生命"的英国骑士。上马决生死时，因右手持用武器，所以马匹必须靠左走，才能准确地刺杀对手。这样在不断地练习和对决中，骑士靠左行就成为习惯，久而久之，朝野蔚然成风。当骏马换成汽车时，现代英国仍然沿袭右驾左行的传统，并带到了殖民地。欧陆和美国左驾右行可溯至20世纪20年代。随着车祸的频繁发生，有的车厂经研究发现，若右驾又右行，遇到超车，会影响视线，于是不约而同地出现了左驾右行的新车款。到了1927年，欧洲大陆达成"左驾驶座靠右行驶"的制式行车规则。不同文化背景下催生的使用习惯最终成为一种制度形式，所以汽车公司在生产销往不同国家的车时，需要根据不同国家的规定调整座位的位置。

不同的信仰催生的不同的消费需求更是需要每个设计者和生产者关注，如果处理不好信仰与产品之间的关系，会造成无法想象的后果。正是基于此，提供给不同信仰的消费者的某些产品表现出完全不同的特征。以产品色彩的选择为例，在西方，新郎的结婚礼服用黑色。俄罗斯人和蒙古人对黑色异常厌恶，把黑色视为不详之兆，认为它意味着不幸、贫穷等。许多国家都喜欢绿色，特别是居住在沙漠里的阿拉伯人视绿色为生命，把绿色当作生命的象征，用于国旗上。因此为阿拉伯人设计饰品，可以选择绿松石。但日本人却忌讳绿色，认为绿色是不吉祥的。诸如色彩之类的禁忌在不同的信仰的民族有很多，所以在为不同信仰的适用人群设计产品时都要深入了解禁忌从而避开这些禁忌。毫无疑问，针对不同信仰群体同属性产品的不同表现形式也会增加产品在横向广度上的延伸。

0.3.2 产品系列化

如果说同一时间点的产品多元化的特征，是同属性产品在满足不同需求时表现形式横向延伸的结果。那么在一定程度上，产品系列化是同一产品种类在时间维度上纵向深度延伸的结果。产品系列化表现为，同一品牌的产品保留产品的优秀基因在时间维度上迭代更新。技术更新的加快和品牌战略的重要性，使得产品系列化愈加的广泛。产品系列化丰富了产品的种类，同时生产者运用可利用的技术在有效的时间内获得了更大的利益，也维护和提升了品牌地位。所以说产品系列化是消费对产品功能升级要求和商业与技术平衡的结果。

1. 满足消费者对产品功能升级要求

一方面，随着对产品的运用，人们总会想拥有更多的功能，满足更多的需求。另一方面，不同技术条件下的产品间在协同使用时有技术难题，需更新换代来解决。两方面的因素结合，在一定程度上促成了产品系列化。透过这些特征可以看到智能手机的发展轨迹。从最初只是简单记录拍摄事物的轮廓到如今赶超专业摄像机的趋势。对查看内容清晰度的要求催生了手机屏幕分辨率的提升，从最初的像素化到当今近乎液晶屏幕的显示。通过诸如此类功能的梳理，可以说智能手机是满足消费者对产品功能升级要就的典范，正是这些功能的不断迭代升级才有了今天的智能手机。设计者和生产者必须紧跟这些功能的升级需求并寻求突破，如果不能好好把握并完成消费者的功能升级需求，就会完全被消费者抛弃，在这方面曾盛极一时的诺基亚手机也给我们树立了一个反面的典范。同时这些功能的不断升级催生了同一品牌产品的阶梯化，甚至不同品牌的产品也会在时间维度上有阶梯性的变化，不同品牌产品保持同维度的升级也是打破不同品牌之间在使用过程中的技术壁垒，这一特征也就自然体现在产品系统化上了。

满足消费者对产品功能升级要求推动的产品系列化特征，同样提升着其他产品在时间维度上纵向丰富度的延伸。

2. 商业与技术平衡的结果

这是推动产品系列化的一大因素。商家在推出新产品时考虑的重要问题是利润最大化，有新技术、新设计为依托的优秀产品会获得大的市场份额。当某个企业拥有了主导性的新技术和新设计的时候，把握好新技术和新设计推出的时间对于获得最大化利益显得格外的重要。如何把握好这个度是一个格外重要的问题，企业获取利益的基准点是产品领先于竞争对手，那么这个领先就变得特别微妙。当很长的领先跨度被切割成很多段，又能够确保每个段在推出的时候都领先于竞争对手，同样的技术领先跨度便在相同的时间维度里增加了利润点的数量，巧妙的切割能够把获取的利润提升好几倍。这方面的佼佼者当属苹果公司。苹果公司推出的 iPhone 系列手机，就是把技术人为分段，它是隔代推出的典范。得益于对这种商业模式的成功运用，苹果公司成了市场与技术结合运作的胜利者。一代一代的苹果系手机间突破有限，却始终保持着恰到好处的领先于竞争对手的地位，所以苹果把自己掌握的手机的新技术和新设计利益最大化了。

图 0-5 苹果系列产品

同一品牌的同类性质的产品的集群化是产品系列化的提升，集群化是利用品牌效应更好地推广同性质的品牌产品，同时也是对品牌的维护与提升，使品牌能够在更大的范围中得到认可，从而获得可观的品牌效益。同样是苹果给出了优秀的案例，iMac、iPhone、iPod、iPad（见图0–5）拥有了全世界的市场份额。苹果的品牌已同它产品主体的银灰色一起在消费者的心里打上了烙印，成为消费者心目中良好品质和优秀产品体验的代表。商业与技术平衡的结果在一定程度上人为地推动了产品系列化，产品系列化同样是产品丰富度在时间维度上的纵向延伸。

0.3.3 产品信息化

处在信息化社会的现代产品是无法摆脱信息烙印的，产品信息化也是现代产品系统化里体现得最彻底的特征。随着信息重要性的逐渐凸显，信息本身已成为最重要的产品，而实体的产品愈发成为一种信息的载体。信息化已全面地融合到产品的生命周期中，从产品的设计生产到推广销售，再到售后的维护修护，都脱离不了信息化。无论是信息产品还是信息的载体，在设计时信息化已成为首先要考虑的问题。

1. 产品信息化

这里说的信息化是指信息本身趋向于产品，而实际的表现形式只是信息的载体。在设计这类产品时最多要考量的是如何通过载体更好地将信息虚拟产品有形地传达出去，寻求的是一种美好的信息的表达形式。产品完全信息化的特征在电子产品上表现的最为明显，以智能手机为例，如图0–6所示。智能手机的触屏操作方式、界面风格和层级设置都是为了更好地为使用者提供信息。消费者接触到智能手机时，可能只是会在短时间里关注手机的外观特征，更多的时间他们会谈到手机的界面怎么样，操作方式合不合适，系统运行是不是流畅。关乎用户体验的信息已成为消费者最关注和最在乎的方面。面对越来越信息化的产品特征，实体产品已完全成为一种信息的载体，在掌握这些特性后我们必须有针对性地设计实体产品的表现形式，力求在给使用者提供有品位设计的同时，也为用户获取好的用户体验和信息搭建好的平台。

图 0–6　智能手机

2. 设计生产信息化

现代产品设计基本上已脱离了经验式的手工加工，实体模型的制作也遇到了挑战，信息化的模拟正全面抢占产品设计生产的市场。计算机辅助设计（CAD）为产品前期概念的提炼和创意表现提供了足够的支撑，大大减少了设计人员的工作量，三维打印技术正发展为全新高效的模型制样技术。在产品的生产过程中，计算机辅助生产（CAM）早已成为成熟的生产技术。同时三维打印技术已不仅限于模型打样，前沿的三维打印技术已成功地应用在了产品生产上。中国航天器上的某些部件便是三维打印机的杰作，甚至有人说三维打印技术会引起第三次技术革命，如图0–7所示。

设计生产的信息化，使产品的生产设计更加的智能化，减少设计生产人员的工作量，大大提高了工作效率。设计生产信息化已成为人类从繁重的生产工作中完全解脱的曙光。

图 0-7　三维打印技术

3. 售后维护的信息化

随着市场化竞争的激烈，要求生产者不仅要抢占售前的种种工作，为吸引消费者购买其产品，还要求产品的提供者提供良好售后的服务，达到赢得口碑和获取品牌粘性的目的。国际知名品牌汽车的售后服务已很好做到信息化，他们能够在有效的时间里为任何一辆汽车及时地提供零部件的维护和更换，他们能在全球召回有突出质量问题的汽车，高效的售后服务得益于信息化的魔力。售后维护信息化系统的完善是未来提升产品全方位服务的一个发展方向，所以这也应该是前期产品设计时应该考虑的设计点，以便和整个产品生命周期很好契合在一起，为消费者提供完善和周到的产品服务。

0.4　课时分配

为了体现系统性，帮助老师和学生能够系统和有计划地运用和学习这本教材，我们给出每章的内容课时化分配建议方案，共 32 课时。

建议课时安排如下所示。

绪论

0.1	现代产品设计系统观	1 课时
0.2	现代产品设计的发展	0.5 课时
0.3	现代产品的系统化特征	1.5 课时

第 1 章　产品系统设计概述

1.1	产品系统基本概念	0.5 课时
1.2	产品系统的概念	1 课时
1.3	产品系统设计思想	1.5 课时
1.4	产品系统设计思想的运用	1 课时

第 2 章　产品系统设计要素

2.1	产品系统设计要素概述	1 课时

思考题

结合设计案例简述对现代产品设计系统观的认识。

作业要求

1. 以小组为单位，每组 6 个人。

2. 提交 7 份认识报告（每人一份加上小组总结性的报告），字数不限。

作业内容

1. 结合现代产品设计系统观的理论点逐条解读。

2. 每个小组挑选一个设计案例，结合自己对现代产品设计系统观理论点的解读整理认识报告，最后每个小组汇总整理一份优化的总结性报告。

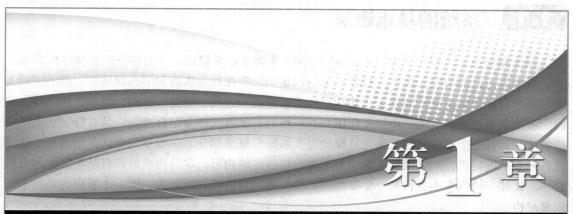

第1章

产品系统设计概述

📖 本章要点

本章的主题是产品系统设计概述。本章分为 4 节，分别为系统的基本概念、产品系统的概念、产品系统设计思想以及产品系统思想的运用。第一节简单介绍了系统的基本概念。系统真正作为一个科学概念进入到各科学领域是 20 世纪 20 年代，也是在此期间系统的概念被引入设计界，系统设计的概念才逐渐形成。第二节从不同方面分析和介绍了产品系统的概念。首先产品系统有整体和部分之分，二者不是绝对的，而是相对的。其次产品系统可分为内部系统和外围系统，其包含的内容十分广泛，而这些都是设计师需要考虑的。最后产品系统的特性分为整体性、综合性和优选性。第三节主题是产品系统设计的思想。产品系统设计思想就是引入系统化思维的产品设计思想。产品系统设计思想体现在产品设计的方方面面，包括产品的整个生命周期的设计和产品设计管理等。最后一节用了五个产品系统设计的案例来说明产品系统设计思想的运用，来帮助读者理解产品系统设计的概念。

 学习目的与要求

本章主题是产品系统设计概述，重点需要学习的内容是产品系统的概念以及产品系统设计思想。其中的内容概括性较强，学习中不用斟字酌句的记忆，重点在于理解和启发，做到举一反三。要理解系统设计的思想体现在产品设计的各方面，在以后的设计实践中能做到系统全面的思考和设计。

1.1 系统的基本概念

系统思想源远流长，英文"System"一词，来源于古希腊语，是由部分组成整体的意思。当下系统成为人们研究的焦点。尽管系统一词频繁出现在社会生活和学术领域中，但不同的人在不同场合往往往往赋予它不同含义，诸如：体系、系统、方式、制度、机构、组织、秩序等。中国学者钱学森认为：系统是由相互作用相互依赖的若干组成部分结合成的，具有特定功能的有机整体，而且这个有机整体又是它从属的更大系统的组成部分。一般系统论试图给出一个能描述各种系统的定义，把系统定义为由若干要素以一定结构形式联结构成的具有某种功能的有机整体。比如一辆汽车本身就是一个复杂的系统，内部包括着各种要素。图1-1展现的是汽车的内部结构。

系统论的核心思想是系统的整体观念。贝塔朗菲强调，任何系统都是有机的一个整体，断然不是各个要素机械的和简单的相加，系统的整体功能是各要素在孤立状态下所没有的。系统的整体性非常重要，要素好不代表整体就好。同时，系统中的各要素不是孤立存在的，每个要素都在系统中有着一定的位置，起着特殊的作用。要素之间相关联，构成一个不可分割的整体。要素是整体的一部分，它存在的意义就在于整体之中，当脱离整体的时候就失去了本身的作用。

图1-1 汽车的内部结构

20世纪20年代系统的概念才真正作为一个科学概念进入到各科学领域。美国在工业设计中于20世纪10年代开始应用了这一概念。到20世纪50年代以后，系统概念的科学内涵才逐步明确。系统是一个过程的集合体，集合体之间又在相互地不断作用着。系统往往是复杂的，内部包括很多的要素，它们相互作用，相互依存并紧紧联系在一起。而每一个系统又是一个更大系统的一部分，比如人类的血管系统就是一个很复杂的系统，而它又是人体这个更大系统的一部分。

系统可以根据其性质和特征进行分类，一般可分成自然系统和人工系统。前者是先于人类存在，由自然组成的系统；后者是经过人的实践而创造出来的系统。人工系统又可以分成三类：一类是人对客观自然物进行加工获得的系统；一类是在一定的社会和历史条件下，人们形成的社会系统；另一类是人们对自然与社会进行认识而建立的科学理论体系。

1.2 产品系统的概念

1.2.1 整体与部分

所有事物都有整体和部分之分。比如一个团体是由人组成的，虽然人数多少不等，但是一个团体是否成功，重要的是要看内部成员是否各负其责，是否都把自己的工作做好，并且团结合作，组织精良。那么这个团体就会爆发出巨大的潜力，否则就只是一个组合体，毫无战斗力。整体与部分是相对的，而不是绝对的。一个产品可以被视为具有某些特征和功能的个体（即整体），它可能由不同的材料和部件组成。一个产品包括很多部分，比如材料、工艺、功能、结构、色彩、纹理等，可以看成是一个由各个要素组成的系统。另一方面，各个不同的产品也可以组成一个系统，这里各个产品就成为了要素和子系统。这就涉及一个产品分类的概念。种—品种，类—分类。类大于种，比如一个类型产品包括各种品种的产品。图 1-2 所示的是一个产品内部以及多个产品间的系统关系。

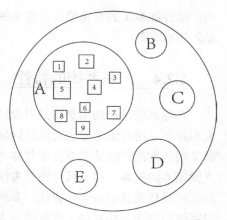

图 1-2　ABCD 代表产品，1234 代表
产品内部要素

1.2.2　产品内部系统

市面上的产品就是一个个小系统，不同产品的系统组成也不尽相同。平面类产品，比如：海报、书籍、信封等，这些产品系统中包括的要素通常有材料（通常是纸）、文字、色彩、装帧等；3D 产品类中包括的要素通常有材质、色彩、纹理、形状、曲面、体量等；虚拟产品类中包括的要素通常有像素、色彩、文字、程序等。这只是简单的描述，而实际上一个产品可以非常复杂，复杂到需要很多人工作几年才能开发出来。上文提到了汽车的内部结构，汽车设计几乎是产品设计类里难度较大的工作，汽车设计开发过程远远不止汽车外观设计师的草图设计，还需要结构设计、内饰设计、数模设计、油泥等。一辆汽车的开发过程是难以想象的复杂和艰难，从立项到量产需要大大小小的成百上千次会议，需要成千上万次决策。汽车设计虽然具有代

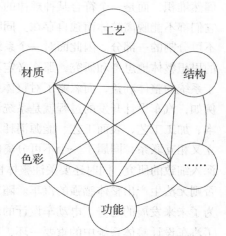

图 1-3　产品内部系统

表性，但并不是特例，并不代表别的产品系统不复杂。图 1-3 所示的是产品内部系统要素。

1.2.3　产品外部系统

影响产品外部系统的因素是多方面的，诸如与产品相关的用户、环保、社会、经济、技术等。这些因素都对产品的实现产生着不同的影响。所有的产品都存在于人们生活的环境中，物与物之间组成环境，人与人、人与环境之间又构成社会，而设计的主要目的就是将人与物、人与环境、人与社会之间相互协调，追求人、产品、环境、社会之间的和谐。不同生活习惯的人使用同样的产品会产生不一样的交互过程，在不同的场景下对同一产品的解读和使用方式也会存在差异，这使得产品的功能意义呈现出复杂化和多样化。人们在使用产品时并不是在孤立、线性地使用，而是在一个有机的、综合的、非线性的动态系统中进行。设计师在进行产品设计时，应该考虑到这

些产品外部系统的变化给设计带来的影响。如图1-4为产品外部系统图。

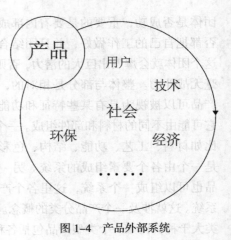

图1-4 产品外部系统

1.2.4 产品系统的特性

产品系统设计的思想就是对设计问题进行系统化的研究和思考，用系统的方法对设计问题加以解决和处理。所谓系统的方法，就是要专注于整体与部分以及与外部环境之间相互的关系，切不可片面思考问题，目的是找到处理问题的最佳或是最适合的方法。系统的内涵是明确的。同时系统的概念是相对的，它取决于人们看待事物的方法。系统的特性有以下几点。

1. 整体性

整体性是系统论思想的基本，是指把研究对象作为整体来看待。各种事物都不是杂乱无章地偶然堆积，而是一个符合某种规律的有机整体。构成整体的各个子系统都有特定的特征和功能，它们都不能脱离整体而独自存在。同时这些子系统对于整体系统来讲也缺一不可，都是整体系统不可分割的一部分。因此面对一个系统问题，如果只是关注于其中的个别子问题，而不能以系统的思想整体地思考和研究，那么必定不能很好地处理问题，不能得出满意的答案。相反，只关注于系统的整体利益，而忽略了对整体系统里的各个子系统研究的话，得出的结论也是不准确的。例如，汽车设计开发的过程就是系统设计的过程，它需要考虑汽车的基本功能、安全性、生产成本、加工工艺、表面工艺、能源消耗、市场、舒适性、外观、配置、环保性等。这些问题彼此独立又相互联系，同属于一个不可分离的有机整体。开发一辆汽车，不仅要对各个方面的问题进行深入细致的研究，同时还要关注整体性。也就是把各个子问题放到一个大系统下统一思考和解决，否则无法生产出整体感强的汽车。随着能源危机的愈演愈烈，电动车已经得到了大家的认可，成为了未来发展的趋势。电动车设计的难点显然在于电池，因此对于电动车来讲电池的设计就成为了汽车设计整体系统中的重要一环，决定着整体的成败。可见随着对象的变化，整体系统中的子系统也随着改变。同时也要关注整体性，比如把电动车的电池设计融进汽车设计的整体系统中进行研究和解决才能得出想要的答案。

2. 综合性

系统论是通过辩证分析和高度综合，使各种要素相互渗透、协调而达到整个系统的最优化。其有两方面的含义，一是任何系统都是一些部分为特定目的而组成的综合体，如汽车就是功能、技术、环境、文化、艺术等组成的综合体；二是我们看待任何事物，研究任何问题，都应该也必须用系统的思想和方法来看待。比如设计一款饮料瓶，要考虑到文化、社会、技术、经济、地域、材料等的问题。

3. 优选性

所谓优选性就是选出最优的解决方案，取得最好的功能效果。我们在做研究或是设计的时候，都总是试图找出"最好"的解决方案，这是系统论思想的终极目标。那如何选出最优的解决方案呢？

当然不能只是关注于个别的要素，而要系统地分析和研究，解决好产品内部的矛盾。比如技术与艺术的矛盾、功能和形式的矛盾以及宏观和微观的矛盾等。

1.3　产品系统设计思想

前文阐述和分析了系统的概念以及产品系统的概念。那么设计怎么与系统论很好地融合呢？产品系统设计思想是指导产品设计师进行设计工作的重要思想，与产品系统思想一样，产品系统设计思想分为产品设计内部系统思想和产品设计外围系统思想。

1.3.1　产品设计内部系统思想

产品设计内部系统思想的运用范围主要在产品设计开发的过程之中，其中包括产品设计的工具方法和流程。还有产品设计的范畴，即产品设计面对的对象都有哪些。这些方面均很好体现了系统化思想的精髓，都属于产品设计内部系统思想。

1. 产品设计工具系统思想

设计经过了这么多年的发展已经取得了丰硕的成果，这当然包括了很多设计工具的发明和应用。从工业革命以来，设计的门类越来越多，设计的对象越来越复杂，设计工具也越来越完善和全面。随着交互设计、服务设计等新兴设计专业领域的兴起和成熟，设计的工具也越发多样。设计工具同时也是一种设计，是为了更好地辅助设计而被设计出来的。不同的设计门类会用到不同的设计工具，比如工业设计和交互设计用到的设计工具就不尽相同。设计工具包括的范围很广泛，主要分为硬工具和软工具，硬工具指计算机、软件、纸、笔等；软工具指被设计师发明的设计辅助工具，比如一些辅助设计思考的方法工具。可见设计工具的范围十分的广大，种类十分的繁多，本身就构成了一个庞大的系统。不同设计工具有很多相似性和差异性，有些设计工具就是由其他工具发展演变而来的。

同时单个设计工具本身也应具备系统的思想，也就是这个设计工具能帮助设计师系统地去思考和设计。比如前美国卡耐基梅隆设计学院教授 Jonathan Cagan 和 CraigM.Vogel 发明了一种设计工具，叫 SET 分析。图 1-5 所示的是 CrownWave 升降车的 SET 分析。这是一种应用于设计模糊前期的设计分析工具，用来分析设计产品背后的社会因素、经济因素、技术因素。这个设计工具本身就是系统思想的很好体现，它帮助设计师要系统地分析问题，而不要只关注表面和局部问题，要透彻地分析产品设计背后方方面面的隐藏影响因素。

图 1-5　生产 CrownWave 升降车的社会 – 经济 – 技术（SET）因素分析

2. 产品设计方法系统思想

好的设计方法将对产品设计的成功起到至关重要的推动作用，如何选择最合适的设计方法显得非常重要。设计的方法有很多，需要根据每个项目的具体情况选择恰当的设计方法，这本身就是一种系统化的思想。而优秀的设计方法本身又是系统化思想的很好体现，比如协同设计、仿生设计、通用设计等。

（1）协同设计。协同设计往往指的是非设计师参与到设计开发进程中，去帮助设计师完成产品的设计开发。而互联网提供了协同设计得以实现的良好土壤，非设计师可以通过互联网与专业的设计师取得联系，参与到设计开发和改进的进程中，这可以产生意想不到的效果。比如小米科技公司的 MIUI 操作系统的设计开发过程就是协同设计的典范。小米把设计开发放到了互联网上，200 万米粉参与到设计的改进过程中。网民可以随时在网上提出各种修改建议，小米很尊重目标用户的建议，并且进行飞快地修改和更新，从而赢得了人们的信任，取得了成功。

（2）仿生设计。仿生设计是在仿生学和设计学的基础上发展起来的一门新兴边缘学科。其研究的范围十分广阔，内容十分丰富。它是首先研究自然界的万事万物形状、色彩、结构等，在设计过程中有选择地提取这些好的元素进行设计。人类生活着的自然界中，生物有各式各样天然的"美丽"，我们有时可以吸收学习一下。历史上人们利用仿生的思想设计出了很多成功的产品，改变了我们的世界。图 1-6 所示的是模仿昆虫外形设计的产品。仿生设计作为人类生活和自然界的焦点，追求人类社会与自然的高度统一，逐渐成为设计发展过程中新的亮点。

图 1-6　名为 Glimo 的夜灯

（3）通用设计。通用设计是指对于产品的设计和环境的考虑尽最大可能面向所有使用者的一种设计活动。通用设计又名全民设计、全方位设计或是通用化设计，指无需特别设计就能为所有人使用的产品、环境、通信和服务。比如在设计网页和书籍的时候，设计师应该考虑到红绿色盲人群的存在，设计出的产品应该能尽可能为更多人提供好的服务。通用设计就是利用系统设计的思想，把设计服务的对象扩大化了，还加入了人文主义关怀。图 1-7 所示的是 OXO GoodGrips 削皮器，它是一个体现通用设计的好案例。因其高度的可用性、美

图 1-7　OXO GoodGrips 削皮器

观和对材料的创新应用，该产品获得了许许多多的奖项。这个产品开发的公司是 SamFarber，它们首先发觉了家庭用品类的一个产品机会，它们发现很多家庭的女主人患有关节炎，但又需要每天烹饪，而现有的烹饪工具都会对患有关节炎的手臂造成很大压力。因此该公司开发了一款新的削皮器，着重考虑如何方便使用和减少使用负担。结果这款削皮器不但受到患有关节炎的人群的欢迎，也同时受到了大众的普遍欢迎，原因很简单，它比其他削皮器使用起来更方便、更舒适。

3. 产品设计流程系统思想

不同的时期、不同的国家、不同的公司、不同的项目使用的产品设计流程都不会一样。产品设计开发团队需要用系统的设计思想在设计开发前对设计流程进行设计，考虑各种因素，制定出

最合适的产品开发流程。优秀的产品开发流程都是系统化的，都具有整体性，每一步都有据可循。比如以用户为中心的设计开发流程包括识别产品机会、理解产品机会、转化成产品概念以及实施阶段。整个开发流程就是一个系统，里面包括了设计方法和工具、用户研究、概念草图、工程设计等的要素。图 1-8 所示的就是以用户为中心的产品设计开发流程。

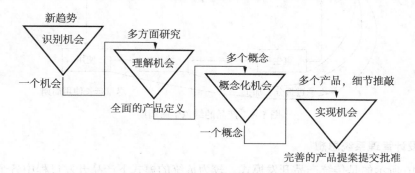

图 1-8　以用户为中心的产品设计开发流程

4. 设计范畴系统思想

设计的范畴是极其广泛的，其中机会无所不包。设计的对象组成了一个庞大的系统，其中的产品数不胜数。平面类的产品有书籍、宣传册、卡片、海报、品牌形象、视觉设计等。三维立体的产品又有汽车、电饭煲、手机、音响、座椅等。随着信息时代的降临，计算机和互联网技术的发展和成熟，设计的范畴在不断地外扩。近年来交互设计专业成为了最火热的设计类专业，这时设计的范畴又包括了服务，设计的是人们的行为和服务流程。除了这些被人们普遍接受了的设计对象外，Richard Buchanan 提出了更加前沿的思想，他认为设计还包括思想的设计，设计的对象还包括系统、组织和环境。这时系统本身成为了设计的对象，可能包括商业组织系统、政府服务系统等。可见，设计的范畴越来越广泛，整个设计系统变得越来越大，越来越复杂。

1.3.2　产品设计外围系统思想

除了产品设计内部系统外，还有产品设计的外围系统。包括产品的整个生命周期、产品设计的管理系统。

1. 产品绿色生命周期系统思想

随着环境恶化的不断加深，人们越来越意识到环境保护的重要性，因此一股绿色设计的风潮传播开来。每件产品都有属于自己的生命周期。我们希望它是一个绿色的生命周期。如图 1-9 所示的就是产品的绿色生命周期。这个周期就是产品外围系统之一，它大致包括产品设计开发阶段、生产制造阶段、营销阶段、物流、使用过程阶段、产品寿命终止和重生。在产品生产制造时要考虑到减少污染气体的排放；在营销阶段要融入环保思想，要设计绿色的包装，做宣传广告时也要有环保意识；在物流运送产品时要合理规划，尽量减少浪费和排放；在产品被用户使用阶段要尽量延长产品的使用寿命；当产品生命周期完结时需要考虑通过拆分和再加工的方法让产品部分得以循环使用，得到重生。可见产品的整个生命周期中的所有环节都必须被纳入到产品设计开发之中进行考虑，用系统的思想和方法予以解决。

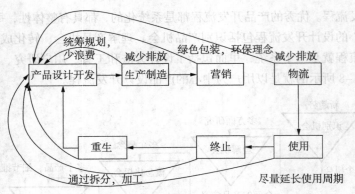

图1-9　产品的绿色生命周期

2. 产品设计管理系统思想

如图1-10所示的是传统产品开发模式。较为传统的模式下产品开发过程中各个领域之间总是相互独立、互无联系的。这样的话，市场人员会只从市场的角度思考产品概念，他只关心谁需要这种产品、谁会购买、成品成本又是多少；设计师只会从产品外观和人机工程学的角度思考产品概念，以保证产品足够美观和易于使用；工程技术人员则只会从产品加工制造以及技术的角度考虑产品概念，他只会关心产品利用什么技术、用什么材料、怎么实现。这样一来三方面的人员各自工作，得出的结论往往不一致，产生对立的矛盾，谁也愿妥协，从而影响产品开发的进度。

图1-10　传统的产品开发模式——各自独立的专业分工

设计、市场、工程三个领域应该放到一个统一的系统里面进行统一管理，实现1加1加1大于3的效果。这就需要首先找到三者共同的关注点，设计师和市场人员都会在意产品的吸引力；设计师和工程师都会关注产品是否好用；工程师和市场人员都会思考产品的有用性，即产品是不是安全可靠以及功能和成本。图1-11所示的是系统专业的合作开发模式。必须利用系统的思想对这三方进行有机整合，让他们协调工作，才能发挥最大力量，开发出成功的产品。

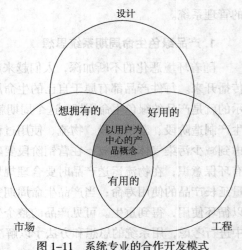

图1-11　系统专业的合作开发模式

1.3.3　产品设计综合系统思想

综上文所述，产品系统设计思想包括内部系统思想和外围系统思想，产品系统设计是一个十分广泛的概念，包含着产品设计相关的方方面面。因此，产品系统设计思想是一种综合的设计思想。产品设计内部系统思想包括产品设计工具、方法、流程和范畴的系统思想。这些方面都是主要关于产品设计开发进程内部的，而产品开发设计外围同样有我们需要重视的方面，可以称为产品设计外围系统思想，主要包括产品的整个生命周期的环保性思想以及产品设计管理的系统化思想。需要指出的是，上文所述的产品设计内部和外围系统思想并不是全部，产品设计是一个复杂、多变并且不断更新的系统。当不断的有新的设计方法、工具甚至领域和思想出现的时候，产品

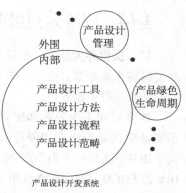

图 1-12　产品设计综合系统示意图

设计的系统也在不断地变化和更新。可见产品设计开发人员的设计思想要全面，需要考虑到产品开发相关的方方面面，不能一叶障目，把产品设计看得过于简单而忽视了很多产品背后的东西，而这些才是决定产品是否能取得成功的关键。图 1-12 所示是产品设计综合系统。

1.4　产品系统设计思想的运用

设计在上百年的发展中不断地发生着变化，特别是最近几十年。人类的设计品数量和种类也成爆炸式增长，各种产品数不胜数。虽然不同的产品不尽相同，但是成功的产品往往都很好地运用了系统设计的思想。

1.4.1　布劳恩公司设计的袖珍型电唱机收音机组合

乌尔姆造型学院在设计史上具有深远的影响，布劳恩股份公司与其的合作是设计直接服务于工业的典范。布劳恩公司创造了丰硕的成果，至今都被看成是优良产品造型的代表和德国文化的成就之一。在 1959 年布劳恩公司推出了袖珍型电唱机收音机组合，如图 1-13 所示。这与之前的产品不同，其中的电唱机和收音机是可分可合的标准部件，使用十分方便。这种积木式的设计形式开启了一个先河，其后的很多设计都具备这种组合模块式的特征，比如布劳恩公司 1980 年生产的高保真音响系统，如图 1-14 所示。在这类案例中系统设计思想体现在产品功能和结构的模块化组合上。通过系统设计使标准化生产和多样化选择结合起来，以满足不同的需求。系统设计不仅要求功能上的连续性，而且要求有简便的和可组合的基本形态，这就要求在设计中加强几何化，特别是直角化。布劳恩公司设计的袖珍型电唱机收音机组合就是这一系统设计思想的诠释。

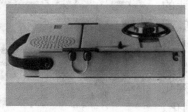

图 1-13　布劳恩设计的袖珍型
点唱机收音机组合

图 1-14　布劳恩公司 1980
年生产的高保真音响系统

1.4.2　IBM 公司识别系统

第二次世界大战后，批量生产逐渐集中于少数大公司。产品的种类变得很少，一定范围的产品变得越来越相似，而企业的产品与竞争对手的产品差别不大。这时企业的整体形象，比单个产品的形象显得更加重要。

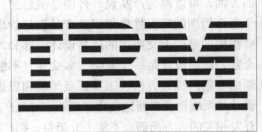

这个时期不少公司都建立了自己的识别体系，事实证明这是个伟大的创造。美国国际商业机器公司（IBM）就是一个典型的例子。图 1-15 所示的是 IBM 的 LOGO。IBM 在 20 世纪 50 年代已经很成功了，但是还没有完整的公司识别体系。在 1956 年，IBM 公司总经理小托马斯任命著名设计师诺伊斯为设计部主任，他对 IBM 公司的设计进行了全面的改造和统一的管理。IBM 公司作为知名的国际公司，需要

图 1-15　IBMlogo

统一完整的形象，这在装配、生产、宣传等各个环节上都会有好处。在诺伊斯的坚持下，公司抛弃了那种每年都要进行设计改型的竞争战略，强调设计的统一性和一致性。诺伊斯对公司的产品外形进行了标准化和系统化，他为公司的不同产品统一了风格，形成了经典的 IBM 风格。这种风格突出了尖锐的菱角和立方体几何形，外观整齐划一，色彩上是素雅的冷色，体现出商业界的冷漠、秩序和高效。不只是产品，公司各地的建筑、装修、服饰、广告等都形成了统一的风格和特质。"IBM 不是竞争，而是创造环境。"这就是 IBM 的设计原则，它在美国设计史上是很具代表性的。IBM 的成功使得公司的识别计划进一步发展和普及。

在这个案例里系统设计思想体现在设计的对象不再是单个工业产品，而是一个企业的整体视觉识别体系。显然设计的对象更大了，更复杂了，也更加系统化了。这完全是通过系统化思维得出的结论，如果不能把整个企业置于一个系统下去思考，把企业的所有产品以及建筑、服装等都放进统一的系统下去设计，那么就会被时代所淘汰。

1.4.3　Alessi 系列产品 THE CHIN FAMILY

很多人认识 Alessi 都是从 Stefano Giovannoni 的一些设计开始的，2007 年夏天 Stefano Giovannoni 同中国台湾故宫博物馆合作推出了 THE CHIN FAMILY 清朝家族。这是利用清朝服饰元素做的一些厨房用品，包括计数器、胡椒粉瓶子、刨子和鸡蛋盒。图 1-16 所示的就是 Alessi 的 THE CHIN FAMILY 系列产品。Alessi 作为经典意大利设计的代表，其具备了意大利设计的特有特点：热情、活泼、鲜艳的颜色，情感化，有个性等。这组产品的突出特点不只具有意大利设计的特点和利用了中国传统的清朝服饰元素，还有就是这是一组经典的系列化产品。它的系列化体现在产品风格和组合的系列化。这首先得益于设计对象的系列化特征，作为厨房小

图 1-16　Alessi 系列产品 THE CHIN FAMILY

产品本身就需要很多种，包括计时器、调料粉瓶子等，这就给设计师设计系列化产品提供了机会。设计师利用了主题元素的多样性，即清朝服装的款式多样，加上配色的差异，形成系列化外观特征。这是产品系统设计的典型案例，在这个案例里系统化思想体现在一组具有共同主题和相似互补功能的产品间，体现了系列产品的归属感和共同特质，同时又为消费者提供了产品的多样化选择机会。

1.4.4　Odin 的有机蔬菜供应服务系统

Odin Holland 是成立于 1983 年的意大利公司，每年都有大约 1200 万欧元的成长。该公司一共有 80 个员工，其中 65 个是全职的。它在欧洲范围内出口和进口蔬菜和水果，把有机素食分别运往有机蔬菜商场和为消费者提供直接订购服务。Odin 为消费者提供直接订购服务的流程是系统化的。消费者支付相应的订购费用然后得到产品。消费者每周会收到一个混杂着有机水果和蔬菜的纸袋以及相应的食谱，这些通常来自附近的有机（蔬菜和水果）商店。一袋 Odin 的蔬菜和水果能满足消费者四天的需求。Odin 会对蔬菜和水果进行筛选，以保证出售蔬菜和水果的质量。Odin 的提供商是地域性的，目的是运输成本最小化。在冬季，有些食物是进口的，以满足不同的需求。Odin 的所有产品都是被种植者以商议好的固定价格提供的，这就免去了第三方组织，如批发商和拍卖商。同时 Odin 要求种植者基于顾客对于特定蔬菜需求的预期进行规划种植。Odin 作为供应关系的一部分，它还提供给它的种植者关于农业和园艺方面的专家指导服务，大约 100 个种植者种植了大约 500 公顷的土地，所有提供的有机蔬菜和水果的健康性都被荷兰的一个组织证明，这个组织是负责有机食物验证的。

这个订购服务设定为从生产者直接提供给消费者，而不用供应链中的其他参与者。这是一个十分有效的系统，因为它提供给种植者安全保证（有计划地种植和收割确认）。这个系统的重大意义在于通过构建一个有机的服务系统，达到单独产品很难做到的经济效益和环保效益共同增加的效果。

在这个案例里，系统设计的思想体现在设计的对象就是一个真实的服务系统。在设计这个系统时要系统化地考虑多种要素，例如各个利益相关者的关系和利益、经济因素、成本和收益、蔬菜的培育、有机蔬菜验证、品牌的塑造、网购系统和流程、物流运输规划、包装等。

1.4.5　小米

"为发烧而生"是小米的产品理念。小米成立于 2010 年 4 月，小米手机、MIUI、米聊是小米公司旗下三大核心业务。MIUI 是小米基于安卓开发的手机系统，也是小米最先开发的产品，是小米的起步动作。而开发 MIUI 的过程就体现出了小米卓尔不群的特色，小米并未像其他公司那样开发产品，而是首创了用互联网模式开发手机操作系统。所谓互联网模式即小米与互联网网友的协同设计。小米为此建立了小米社区，里面有小米论坛，最开始里面活跃的人都是对电子数码产品了解并很感兴趣的人，也就是"发烧友"。网络上的 200 万小米发烧友参与了 MIUI 的开发和不断改进的过程。当一个网友提出了一个具有代表性的改进建议，小米经过审核分析，可能很快就会对系统进行相应的更新并且发布。可以想象一下，当你看到你自己提的改进建议很快得到了公司的回应并且做到了产品里的时候，你心里会是什么感觉。这样出来的产品发烧友们会把它当做自己的孩子来看待，即便是仍然有很多缺陷和不足他们也会拥护小米，试想谁会愿意让别人说自己孩子的坏话呢？

协同设计的设计理念早就被别人提出来了。小米把这种设计思想如此大胆地应用在了手机设计上，充分发挥了大众的才智和力量，来开发和改进产品。小米能这样做与其虚拟产品的特点有关。虚拟产品，比如手机操作系统，与传统产品不同的地方在于它没有实体产品，开发出来的新产品并不是一次完工，而是需要不断地更新版本，修复BUG。这就使得手机操作系统的开发非常适合协同设计，非常适合让广大网友（目标用户）来提意见修复BUG，改进功能。某种程度上讲，发烧友的协同设计某种程度上代替了传统公司的用户研究过程。发烧友的大量及时的反馈很大程度上方便了用研的工作，公司不需主动寻找目标用户去做问卷和访谈，而是有数百万目标用户主动参与到设计的过程来，这样得到的用研数据更加有价值。图 1-17 所示的是小米的协同设计模式。

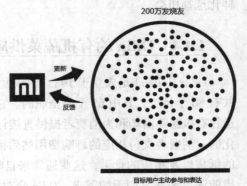

图 1-17　小米式的协同设计

在这个案例中，系统设计的思想体现在协同设计开发的进程中。开发成员除了公司内部的设计师以外，还加入了互联网上的网友。开发团队的系统变了，不止在公司内部，而放到了互联网系统上。网友提修改意见，小米的设计师给予及时的反馈，小米手机系统更新的速度是全球最快的，这是一个来回反复不间断的开发过程，是一个系统化的开发过程。即用系统的思想把网民引入到了小米产品的开发进程里，并把其有机地结合起来。

1.4.6　小结

为了展现产品系统设计思想的运用，上文所示是五个系统设计案例分析。这五个设计案例在时间维度上是从前到后的顺序，所体现的系统设计思想越来越全面、复杂和立体。1959 年的布劳恩公司设计的袖珍型电唱机收音机组合是最初体现系统设计思想的典范，其主要体现在产品的模块化设计上；同样在 20 世纪五六十年代，IBM 公司的公司识别计划是在公司内部设计的范围上体现出产品系统化的设计思想，从那时起，一个公司看待设计就不只是关注于特定产品的设计，而是要放眼整个公司，把公司的方方面面当作一个整体去做统一的、系统化的设计；Alessi 的 THE CHIN FAMILY 体现的则是产品的系列化；意大利的有机蔬菜水果提供服务商 Odin 则是从设计的对象上体现出系统设计的思想，Odin 本身就是一个实实在在的系统，是一个复杂和完善的服务系统；中国的小米手机则是在产品设计开发的模式上体现出系统设计的思想。

思考题

选择一个符合产品系统设计思想的设计案例写一篇案例分析。

作业要求

1. 以小组为单位，每组 4 个人。

2. 至少总结出两种或以上系统设计思想，字数至少 2000。

作业内容

1. 系统设计思想体现在产品设计的方方面面，要对目标案例进行多维度的透彻的分析，把其中体现的系统设计思想一一列举出来，并进行反思。

2. 除了文字分析，还需要设计一张可视化的图表，来表现其中的系统设计思想（充分发挥想象力，无明确要求）。

第2章

产品系统设计要素

本章要点

在综合考虑产品系统开发流程、产品生命周期系统、产品使用环境系统等综合体系后，产品系统设计的要素可分为内部要素和外部要素。内部要素主要是指狭义上的，仅仅是针对所要开发产品可视范围内的系统范畴，即所要开发产品必须的、不可或缺的系统要素，包括围绕开发产品最紧密的要素及其内部的子要素，包括：功能要素、材料要素、结构要素、色彩要素和形态要素。外部要素是指广义上的，考虑与社会、经济、技术、时间、空间、用户等要素之间的相互关系及影响。简而言之，一件产品可以看作是一个要素，也可以是一个系统。

学习目的与要求

通过学习产品系统设计要素的基本内容，在实际的产品设计过程中，根据产品特性的不同，从产品各要素出发，更准确地掌握产品设计要点。在学习的过程中，熟悉各要素的特点及作用，了解它们之间的相互关系，为今后的设计工作打好基础。

2.1　产品系统设计要素概述

2.1.1　系统与要素

1.定义

系统是由要素构成的，要素与要素之间通过有组织、有编排的规则组合在一起，形成部分不能单独拥有功能的整体。

要素是指具有相似关系和特点的基本因素，也是构成事物的必要因素。

2. 系统与要素的关系

从哲学上来讲，系统与要素的关系就是整体与部分的关系。事物不管其大小，在一定的条件下，都可以看做是一个系统。系统与要素是相互依存的，一方面系统是由要素构成的，缺乏要素就无从谈起系统；另一方面，要素也不能脱离系统，脱离系统的要素不能更大可能地发挥自己的作用。

从结构上讲，系统组成的各要素之间相互结合形成系统。任何一个系统都要有一定的稳定性，所以要素之间组成的结构就必须要进行优化，以此更好地实现系统的功能。

从整体上讲，整体性是系统的一个显著特征。系统的功能不是各要素功能的简单相加，而是由系统的整体结构来决定的。要素间通过有效的、有规律的组织相互作用和相互影响，从而形成具有新功能的系统。系统往往在要素间的相互影响下表现出优越的一致性。在系统整体性的前提下，解决或处理问题时要从整体出发，不能一叶障目，只着眼于某一要素从而不利于问题的解决。

总的来说，系统处于主导的地位，统领着要素，系统的功能大于要素功能之和；要素是被支配的角色，要素服从并服务于系统。系统性能及其转变会对要素的功能状态及其转变产生影响。同样，要素性能及其转变也会影响到系统性能，在一定情况下，关键要素的性能决定了系统性能的状态。

2.1.2　产品系统设计要素概述

以产品功能、结构、色彩、材料、形态为主要内容的内部要素和以 SET、时间、空间、用户为主要内容的外部要素是产品系统设计中的基本要素。在现实生活中，企业生产和设计都离不开对这些要素的分析和运用。

对于要素的学习不是一蹴而就的，而是需要在长期的学习和工作中慢慢地去熟悉和掌握。对此最好的学习方式就是真正地去触摸真实的材料，参与到项目中去。在实战项目中，你会发现功能、结构等内部要素是产品系统设计要素的基本内容，掌握好这些要素的特点和属性对以后的工作会大有裨益。另外围绕内部要素展开的 SET、时间等外部要素对产品产出后的销售等会产生很大的影响。

当然在实际的产品设计中，不可能将所有的要素都考虑全面，因为针对不同的产品，要素的侧重点是不一样的。要按照产品的实际情况对要素的偏重作出正确的判断。

2.2 产品内部要素

在讲产品内部要素时，我们可以把产品作为一个独立的系统单元，其目标是通过系统内部各要素的有效组合来实现产品的价值，并在此基础上满足外部要素的要求。

2.2.1 功能要素

功能指的是研究对象发挥的有力作用。凡是满足使用者需求的任何一种属性都属于功能的范畴。对产品功能的设计是产品设计的核心，也体现了对产品与用户之间关系的关注，功能是产品得以生产的核心价值。每一件产品都有不同的功能，产品功能的实现是通过满足人们在使用产品时的需求来体现的。

1. 功能定义

功能定义就是运用简洁、易懂的语句来说明所研究对象的整体及其组成部分的功能，以此来限定每个功能的内容，明确其本质，即回答"这是什么"和"它是干什么用的"。

功能定义注意的问题有以下 3 个方面

（1）简洁、精确。定义要简洁明了，一般结构为"动词＋名词"的动宾结构。例如：水壶"盛放热水"，空调"降低温度"等。

（2）抽象、凝练。动词要尽量抽象，这样容易开阔思路，而且避免出现有引导性的词语。例如，在零件上做孔，若定义为"钻孔"，人们自然会联想到用钻床，这样就不利于思路的开拓。名词尽量采用可以测量、定量的词语。例如电线功能定义为"传电"不如"传导电流"，发电机功能定义为"发电"不如"发出电能"。

（3）全面、系统、明确。当产品功能比较多的时候，复合功能要分别定义。切忌只关注主要功能而忽略次要功能，只关注表面功能而忽略深层功能，只关注子系统的功能而忽略其与总功能间的关系。

功能定义示例，如表 2-1 所示。

表 2-1　功能定义示例

产品（或构成要素）	功能定义（动词部分）	功能定义（名词部分）
电冰箱	冷藏	食物
电线	传送	电流

在进行产品设计时，进行功能定义可以正确地认识和准确界定产品及其要素的功能；可以对功能进行恰当的评价，如果功能搞不清楚就无法确定功能实现的最低成本，不能进行正确的功能评价；可以开拓设计师的设计思路引导其对功能进行改进和创新。

2. 功能分类

功能分类的方法有很多种。从不同的角度，功能的分类会有不同。从用户的角度来分，产品功能的分类大致为物质功能和精神功能，具体分类如图 2-1 所示。

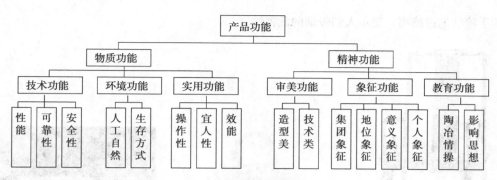

图 2-1 产品功能系统图

（1）产品的物质功能，主要包括技术功能、环境功能和使用功能，是产品的根本性功能所在。物质功能是经由产品的使用以及产品中所包含的技术含量满足一定的需求，并起到特定的作用。考核的标准主要是可用性、易用性以及安全性等。

技术功能主要是指产品的性能、可靠性、安全性等方面。如图 2-2 所示的是汽车安全气囊具有安全防护功能。环境功能则是指产品在制作、使用以及后期的处理中对环境、资源等的保护或良性使用。如图 2-3 所示灯罩采用了环保的宣纸做为材料。使用功能是指一定条件下，产品发挥其设定的用途达到预期的目的。

图 2-2 安全气囊

图 2-3 宣纸灯罩

（2）产品的精神功能是基于物质功能之上的，即只有产品具备了基本的物质功能，才有机会传达其情感。这里的情感包含三方面的内容，第一个方面是产品自身主动传达出来的象征含义，第二个方面是其被动地承担着用户的审美功能，第三个方面是其具有陶冶情操甚至影响人们思想的教育功能。

产品的审美功能不仅仅是产品外观带给用户的感受，也是产品功能的外在体现和产品功能的传达。它并不单纯满足人们对于产品的视觉感受，它从形式和内容相统一的角度，去实现产品功能、结构与形式的协调一致，以做到产品时效性与表现性的统一以及使用和外观的统一。如图 2-4 所示的明式家具。产品的象征功能是产品情感功能的重要组成部分，是产品主动传递出的一种信号，表明的是社会地位和归属感，如图 2-5 所示的 LV 包。象征功能是基于相应的文化背景被用户接收和理解的。虽然象征意义往往是通过产品的外在形式进行传达的，但在不同的社会文化背景下却会表现出不同的含义。产品的教育功能主要起到陶冶用户情操，改变用户思想的作用，如图 2-6

所示的手枪状的过滤嘴，警示人们吸烟的危害性。

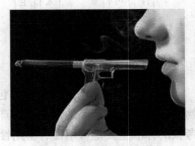

图 2-4　明式家具　　　　　　　图 2-5　LV 包　　　　　　　图 2-6　手枪状的过滤嘴

　　由于技术的发展，现在的产品所承载的物质功能已经出现"功能超载"的现象，但一般情况都可以满足用户的需求。相比较之下，在现在市场上，产品情感功能的市场效果是很明显的，大部分的产品开发商都在挖掘产品的情感功能，挖掘产品背后的故事。对功能概念的运用，可以使产品对人类的发展更有积极的作用。不同的产品，其功能所表现的重要程度和优先次序也是不同的。在实际的设计过程中设计师需要通过深入的调查，了解不同消费者的心理倾向和社会价值观，恰当地运用设计语言实现应有的功能特征。

3. 功能整理

　　功能整理是指从系统的角度出发，理清各功能之间的内在联系，遵循功能之间的逻辑关系制作功能关系图，以便把握必要功能，发现和弱化不必要的功能。

　　产品的功能之间存在着上下关系和并列关系。产品功能的上下关系是指在一个功能系统中，功能之间是目的与手段的关系（即存在目的功能与手段功能）。目的功能与手段功能是相对而言的，每一个功能都有一个要实现的目的，也有用来实现它的手段，手段功能是为了实现目的功能。功能的并列关系是指在一个比较庞杂的功能系统中，为了实现统一的目的功能，需要两个以上的手段功能，这些功能之间就是并列关系。

　　对于功能整理有一种普遍的方法，称为功能分析系统技术，下面介绍它的简要步骤。

　　（1）编制功能卡片

　　将设计产品以及它的所有构成要素编制在卡片上，每张卡片上写一个要素，便于后面的工作。功能卡片形式，如表 2-2 所示。

表 2-2　功能卡片

要素名称			备注
功能			

　　（2）选出基本功能和辅助功能

　　当所设计产品的功能太多，导致功能卡片太多，为了加快工作的进度，首先要选出基本的功能，然后根据功能的逻辑体系，链接辅助功能，搭建出功能系统图。

（3）明确功能之间的关系

第一步，对基本功能卡片进行分析，并找出它们的上下位功能，然后按顺序排放（如从左到右）。第二步，对辅助功能卡片进行分析，进而确定它的上下位功能，并分别排列在相应的位置上。

（4）作功能系统图

根据上面确定的功能之间的关系，按照顺序画出功能系统图，如图 2-7 所示。

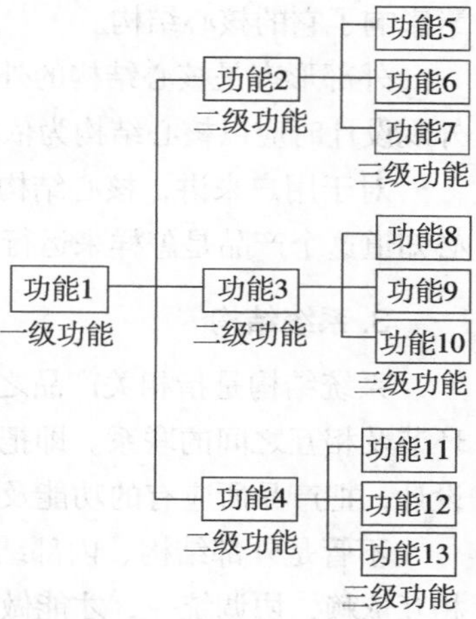

2.2.2 结构要素

产品结构是产品内部各要素所占比重和关系之和的具体体现。由于产品是由若干零部件以某种方式组合连接而成，那么从产品设计的角度，可以将结构解释为构成产品的零部件形式及零部件间组合链接的方式。

图 2-7　功能关系图

任何一件产品都有其自身所特有的结构，产品的功能和形态通过产品结构得以体现。

产品结构可分为三个部分：外部结构、核心结构和系统结构。外部结构与用户的关系最为密切，它不仅从外在体现了产品的功能，也传达了产品的形态。

核心结构，一般也可称为内部结构，包含的内容一般是实现产品功能的关键技术，一般与用户不会发生直接的接触关系。而系统结构是指相关联产品或要素之间的关系设计，它所关注的是产品各个环节或是要素之间的相互关系。

1. 外部结构

产品的外部结构不仅仅是指产品的外部形态，也包括与之相关的整个结构，即产品的内部结构与外部形态之间是相辅相成的关系。产品的外部结构本身就是一种结构设计，它是产品的形态及功能的承担者和传达者，通过对结构的整体设计让产品发挥其功能。在实际的设计过程中，产品的外观设计会受到很多因素的制约，比如材料和加工工艺等，不能仅仅把它看做是形式化和表面化的创作。设计师要想拥有驾驭产品形态的能力，就需要对大部分材料及加工工艺相当了解并有丰富的实际经验，这是对结构进行优化的要点。

在产品造型设计阶段，要考虑合理的结构设计，不能一味地追求新奇的外观设计。否则，当由造型设计进入到结构设计阶段时，不合理的外观设计就会带来诸多困难，从而使得实际产出的产品外观与效果图之间的差距加大，同时使得产品的开发周期延长。产品外部结构的改变也会使得产品的功能发生改变，外部结构和内部结构的相互协调才能更好地完成一个产品的设计。

在某些情况下，外部结构是受内部结构影响的，它的结构表现形式直接与产品的使用功效有关，例如：衣柜、水壶等的外形就受到功能的限制。但在另外一些情况下，外部结构形式的变化，并不影响核心功能的体现，例如：空调等的外形并没有受到功能的影响。

2. 核心结构

核心结构是指依托于某项技术而形成，具有某项特殊功能的产品内部结构。一般来说，在产品结构中，核心结构是产品整体上的核心。在产品核心结构中会涉及诸多复杂的技术问题，这些问题是不分领域和系统的。它在很大程度上受到产品设计原理的牵制，也可以说，产品的技术要

素影响了它的核心结构。

外部形态是核心结构的外在体现，即核心结构又是外部形态存在的基础，所以设计师在进行外观设计时应以核心结构为依据，以使产品达到完整统一。

对于用户来讲，核心结构是模糊的，是看不见的。他们只需要知道怎样使用这个产品，而不必知道这个产品是怎样来运行和搭建的。

3. 系统结构

系统结构是指相关产品之间的关系结构，是它们之间的"关系"设计，注重的是产品的各个环节及相互之间的联系。即把产品的外部结构和内部结构相互结合，将其看作是一个系统来进行设计，把产品所应有的功能及外观造型以系统的形式来进行展示。

不管是外部结构、内部结构还是系统结构都是不能独立存在的，只有使三者之间相互支撑，相互依赖，协调统一，才能做出更优秀的产品。

2.2.3　色彩要素

简单来说，色彩是由物体发射、反射的光通过视觉产生印象的颜色集合。在视觉语言中，色彩是最具表现力的元素之一。

在进行产品设计时，产品表面的色彩是除产品外形以外我们关注更多的要素，甚至在一些特殊情况下，我们对产品的色彩关注远多于产品的外观。在产品设计中，对色彩情感规律的巧妙应用，对色彩暗示作用的充分发挥，都能加深人们对产品的印象。每一件产品都有其特有、专属的色彩，色彩对外观的意义不仅仅局限在装饰性和审美性上，另外还有象征性。色彩具有先声夺人的艺术魅力，传达信息，蕴神寓意，是人们判断产品价值的因素之一。色彩能够带给人强烈的视觉感受和刺激，也能使人产生各种联想。

一般情况下，产品色彩要与产品的外观造型相符合，使产品的外观更加统一。随着同质化时代的到来，色彩的重要性也日益显现。为了强化市场营销的动力，满足用户的感性需求，在进行产品设计时，可运用色彩的特质来加大与其他同类产品之间的不同，创造多样化、个性化和差异化，避免与竞品之间的同质化，以此来添加其在未来市场上制胜的砝码。

1. 色彩计划

色彩计划是通过对产品外观设计需求和产品营销策略的分析，以配色原理、色彩学理论等为基础制定的色彩使用计划。设计师应该从用户对色彩的认知和心理效果出发，通过科学的分析，运用色彩在空间、量与质上的可变化性，按照色彩规律和造型法则去组合产品各要素之间的相互关系，从而创造出符合人们审美的产品色彩效果。

（1）色彩计划特性

①科学化。在进行色彩计划时，对色彩的有关心理和感情等原理进行运用，并根据市场需求、消费形态等拟定符合这些要求的色彩计划战略。使得色彩的运用具有客观性和合理性，以此来保证设计目的的实现。

②类别化。运用色彩计划，可以使品牌个性化，塑造特有的品牌形象，增强企业的识别度。所以色彩计划也是企业拓展市场、创造需要的利器。

③阶段化。色彩计划的实施要根据消费者需求、企业产品策略等方面的因素，经过长远而全

面的考虑，在运用不同的产品策略时采用对应的、合适的阶段化的色彩，分步骤有条理的展开。

④系统化。作为产品传达情感重要渠道之一的色彩计划，在进行实际的运用时，要将语言形象和色彩形象的抽象性系统化，使其成为具有客观性和科学性的色彩形象尺度。

（2）色彩计划的程序

为了充分发挥色彩计划的最大功能，在运用色彩计划之前，要制定一套开发作业的程序，对程序中的每一步都进行充分的了解，并根据每一步传达的核心，制定出符合程序进程的色彩计划。

色彩计划的开发程序，可以分为以下五个基本阶段。

①情况调查阶段。在这一阶段主要是收集、分析资料，对自身企业、竞争对手的现状、市场需求、消费者的心理、商品的定位等进行分析，重点找出自身企业与竞争对手之间的差异性。

②表现概念阶段。在表现概念阶段主要是根据情况调查阶段的结果，对客观情况进行分析，确立适合的表现概念，以创造鲜明的企业形象，确定的项目一般有企业形象概念、企业经营概念、消费环境概念等，还有对时代走向的趋势预测等。

③色彩形象阶段。本阶段是将表现概念阶段确立的各种形象概念与色彩形象做出匹配，做出客观合理的定位。找出并确立企业形象的专有色、个性化的市场色彩形象和商品发展阶段的色彩形象。

④效果测试阶段。本阶段对色彩概念进行生理、心理和物理性的测试，对确立的形象概念进行验证。

⑤管理监督阶段。管理监督阶段是针对色彩计划的输出阶段来讲的，为了在不同的输出设备上使输出的颜色尽量与规定相符。所以需将色彩计划的色彩实施数值化，制作专有色的样本，设定误差范围等。建立色彩资料库，对输出的颜色进行评价，进行修订。

2. 色彩管理

色彩管理是指通过结合软件和硬件，将色彩计划从虚拟的颜色空间转化到输出设备所支持的、真实的颜色空间的技术，以此来保证在生产过程中色彩的统一性和协调性，以及在设计、产出的过程中色彩的一致性。

色彩管理最核心的目的就是提供输出设备与跨平台操作时色彩统一性的机制，实现"所见即所得"，包括不同输入设备之间色彩匹配的实现，如摄像头、数字照相机、扫描仪等，如图 2-8 所示；不同输出设备之间的色彩匹配的实现，如打印机、投影仪、印刷机等，如图 2-9 所示；在不同显示器上颜色显示统一性的实现，并且能够使显示器输出的颜色具有准确性。最终目的就是使输入与输出的颜色高质量的匹配。

图 2-8　色彩输入设备

图 2-9　色彩输出设备

色彩管理主要包括颜色的测试、材料的选择、色彩完成的质量、实际色彩与色彩样本误差范围的规范和限定、色彩的统计和管理等。在产品生产过程中，对色彩管理的严格执行显得尤为重要。可靠的色彩管理，可以用来校正、制作特性文件，使输出和输入的颜色尽量一致；可以进行屏幕的软打样，模拟印刷颜色，使输出后的颜色与原稿尽可能的相近；可以缩短生产周期、降低出错率、提高生产效率与产品的质量；还可以更好地实现跨区域的合作，而不影响产品的产出质量。

色彩管理的实施一般经过 3 个步骤：设备校正（Calibration）、制作设备特性化文件（Characterization）、颜色空间转换（Conversion），即 3C，如图 2-10 所示。

设备校正 ⇒ 特征化 ⇒ 颜色转化

图 2-10　色彩管理的 3 个步骤

（1）设备校正（Calibration）。在使用设备之前，要对设备进行统一的色彩测试。需要注意的是在这之前要将所使用的设备调至最佳状态，调整设备状态的步骤就是设备的校正。这是色彩管理的关键步骤之一，也是色彩管理的基础。

（2）设备特性化（Characterization）。这一个过程就是制作出设备的特征化文件。首先要为设备输入一系列已知的设备颜色值，并在此基础上测出所用设备产出的颜色值，建立已知设备颜色值与所测设备颜色值之间的对应关系，并找出它们之间的转换关系，再将这个转换关系记录在特征化文件中。此时特征化文件中所记录的就是设备最新的颜色状态。

（3）颜色空间转换（Conversion）。具体的色彩管理实现的手段，通过此步骤将设备的颜色值定义为设计中的色彩感觉，并通过色彩转换将色彩感觉转换到其他设备对应的颜色值上，以保证多个设备在执行这一色彩计划时能够做到色彩的统一，不会因为设备的变化而出现色彩感觉的误差。也就是在颜色空间转化这一过程中，至少需要两步，一步是将原设备的颜色空间转化到相应的色彩感觉；另一步是将相应的色彩感觉转化成目标设备的颜色值。

色彩管理方法包括测色学中的色彩管理和现场的色彩管理。所使用的工具一般包括比色箱、测色仪、色卡等。

（1）标准光源目视比色箱

在光线不同的情况下，看同一物体时的颜色也是不一样的，为了避免这种情况带来的误差，一般采用国际标准的光源照明箱也就是标准光源目视比色箱（标准光源箱），如图 2-11 所示。在进行看色等时都在标准光

图 2-11　标准光源箱

源箱内进行，这样可以避免因外界光线的介入而引起色彩偏差而产生色彩管理的争议。

（2）电脑测色仪

如图 2-12 所示为电脑测色仪。一般包括色彩色差计、印刷网点密度仪和屏幕亮度、灰度计等。电脑测色仪测出产品的色彩值，输出数值供使用者参考，方便对色彩进行数字化管理。

（3）国际标准色卡

图 2-13 所示的色卡是在日常工具中最常见最普及的色彩管理工具，也是在国际上通用的颜色语言。使用色卡，除去了寄送样品的麻烦，取而代之的是报一个色卡的号码即可。在统一产品颜色这一任务上，色卡起到了巨大的桥梁作用。

图 2-12　电脑测色仪

图 2-13　国际标准色卡

2.2.4　材料要素

材料是产品设计的载体，是产品造型的基础与根本，产品造型的塑造都要以材料为基础。一个优秀合格的产品造型设计不是单一的产品形态上的设计，同样要考虑材料的选择是否满足产品的功能。

产品设计的过程，实质上是对材料的理解和认识的过程，是设计者有意识地运用各种工具和手段将材料加工塑造成具有一定形状的实体。这一过程是合乎设计规范的"认材—选材—配材—理材—用材"的过程，也是"造物"与"创新"的过程。

材料伴随着人类社会的发展而发展。同时在设计的发展历史中，材料对设计观念的变革也起到了转折性的作用。每一种新材料的发现、发明和应用，都是一种新设计语言的诞生和成长，都大大刺激和推动了产品设计的发展。新材料的研发与不断的应用为设计的发展提供了更多的可能与方向，图 2-14 所示为潘顿在 1970 年利用发泡塑料技术为联邦德国拜耳公司的流动展览船"维西纳"2 号设计的充满幻想情调的空间。

在材料选择时不仅要考虑到材料对产品性能和寿命的影响，符合人机工学要求，而且要有利于环境的保护，还要考虑到人对材料的喜好。图 2-15 中所示的是苹果公司在 1998 年生产的 iMac 计算机。其采用了半透明塑料机壳，完全打破了先前个人电脑沉闷的形象。

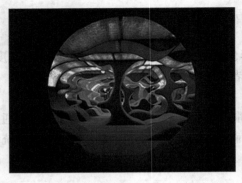

图 2-14　潘顿于 1970 年设计
的 "维西纳" 2 号幻想空间

图 2-15　苹果公司于 1998 年生产
的 iMac 计算机

1. 影响材料选择的因素

主要有以下几个方面。

（1）材料的机械 – 物理性能

在传统的产品设计中，材料的物理性能是选择材料的主要参考点。主要包括材料的强度、材料的疲劳特性、设计刚度、稳定性、平衡性、抗冲击性等。

（2）满足产品所要求的基本因素

不同的产品对材料有不一样的要求，但不论何种产品在选择材料时都必须考虑到以下内容。

①所选材料满足产品的功能和所期望的使用寿命。

②所选材料满足产品的内部核心结构对材料的更高要求。

③在选择材料时要充分考虑安全性。

④抗腐蚀性也是材料选择的重要准则之一。因为它对产品外观、使用寿命维护等都会有影响。除此之外，选择材料还要考虑市场因素、产品外观、材料的成本、使用场所、使用人群等各方面的因素，以使得材料的选择更符合产品的要求。

（3）产品使用的环境因素

产品总是在一定的场景中使用，所以在材料的选择中必然要考虑到产品使用环境因素。此因素主要包括以下内容。

①温度和湿度。比如某些绝缘材料在温度变化过大时会失去绝缘性，或是某些材料在湿度过高的时候精度失调，这些都会导致产品性能的下降，甚至会出现安全性问题。

②冲击和振动。产品在运输或是使用的过程中可能会受到冲击或碰撞，从而引起产品的损坏。

③恶劣的气候条件以及人为破坏情况。

④随着人们对环境保护意识的增强，材料的选择首先要考虑材料是否对环境有利。

2. 材料在产品设计中的所表现出来的特性

（1）材料的感觉特性

材料的感觉特性是人的感觉系统因生理刺激对材料作出的反映，或由人的知觉系统从材料表面特征得出的信息，是人对材料的生理和心理活动，它建立在生理基础上，是人通过感觉对材料产生的综合印象。按照刺激方式的不同，又可将感觉特性分为触觉特性和视觉特性。

①材料的触觉特性

材料的触觉特性是指通过人的手、皮肤等接触材料去感知其表面的特性而产生的感受。材料的触觉感受主要分为生理感受和心理感受两方面的内容。生理感受主要是指材料给人的温觉、压觉、痛觉等。心理感受则是材料表面特性对人的触觉刺激而产生的感受，分为愉悦感和厌恶感。图 2-16 所示是丝绸。丝绸的顺滑、细腻和凉爽的感觉使得人们乐于触摸，易于接受。

②材料的视觉特性

材料的视觉特性是人眼来感知材料表面给人的刺

图 2-16　丝绸

激，视觉刺激信号通过视觉神经传到大脑，会使人产生一种对材料表面特性认知的感受。材料表面的色泽、肌理、面积等都会影响材料的视觉感受。材料的视觉特性在设计中的应用很多，比如，塑料的手机机壳却被做成金属的质感；塑料的水龙头却会使人看起来像是一个高档的金属产品，从而提高了产品的价值。

（2）材料的美感特性

任何材料都在默默地表达着自己，展示着自身的魅力。人们在接触材料时通过视觉、触觉、听觉产生喜悦之情，产生美感。这是人对美的认识、欣赏和评价。

材料的美是产品外形设计的一个重要方面。材料的不同给人的触觉、心理感受等都不同。材料自身的特性、构成、使用状态等都会影响材料的美感。每种材料都有其独特的特性。在产品设计的过程中，要充分考虑每种材料自身不同的特性，对不同材料进行巧妙的结合，使各种材料的美感得以体现，并能够相互补充和烘托。

2.2.5　形态要素

形态是指事物在一定条件下的表现形式，有时候也被称为程式，是一种结构性要素。体现着对形态流行的重要观念的关注。

产品的形态要素是对产品立体和平面的几何形状设计。产品的形态设计要符合人们对美的需求，要按照美学法则及产品的功能建立起具体的产品视觉化形象。

产品形态要素设计的核心是产品的形态美设计，是在设计师对市场调研材料做了系统分析的前提下，对产品造型设计进行精确的定位，并在此基础上展开的设计。设计一般都要遵循的美学特点和规律有以下几点。

1. 形态要素设计的遵守原则

（1）稳定性。产品设计的一个重要原则就是稳定性。如果一个产品第一眼看上去就给人头重脚轻的视觉感受，用户会感到这个产品不可靠。

（2）独创性。独创性是指产品的形态要在结构、功能合理的基础上给人独特新颖的感觉，而不是一味的模仿和复制。

（3）秩序性。在统一中寻找变化，在变化中追求统一，强调一种整体美。

（4）体量感。体量是指物体的体积与大小，体量感是指人对体积的感觉与认知。产品造型设计的出发点是人机工学，它强调产品必须符合使用者的要求，要使用户在使用时感到方便、愉悦，不少产品设计时受到体量感的限制。图2-17中所示厨房菜刀的刀把设计，既要满足用户握的需求又在手的活动范围内，使用户在使用的进程中感到舒适与方便。

图2-17　厨房菜刀

2. 产品造型设计使用的基本造型方法

产品造型设计使用的基本造型方法分为：分割、切削、聚集、合并、渐变、拉伸、挤压、弯曲等。

（1）分割。分割在造型表现上可看做"失去"或"离散"，在体量上，可认为是减少。在分割时必须要有基本形。基本型又可称之为母形，在母形的基础上可分割出一个或多个自由形态的子形。（图2-18所示为艺术钟，图2-19所示为太极双鱼组合沙发）。

图2-18　艺术钟　　　　　　　　图2-19　太极双鱼组合沙发

分割时要注意以下问题。

①分割时要按比例。一般情况下，常用的比例是黄金分割比，如图2-20所示为黄金分割的示意图。

②在进行横向分割时。一般都会采用高度降低的方法，使横线分割更显形体的宽度感觉，如图2-21所示的空调，三条横线的分割与高度的降低，使其在横向上更显修长。

③在进行纵向分割时。一般会采用宽度减小的方法，使纵线分割显得高。

④在进行环形分割时，使用闭合的直线或曲线对同一个面进行分割，可使小的面积产生扩张感，大的面积产生收缩感，如图2-22所示的音乐CD播放器，小圆具有扩张感，大圆产生了收缩感。

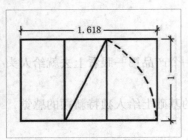
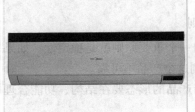

图2-20　黄金矩形　　　　　　图2-21　空调　　　　　　图2-22　音乐播放器

（2）切削。切削是指对基本形加以局部的切割，使造型表面产生变化。由于切削的部位、数量、大小等的不同，可使造型千变万化，如图 2-23 所示。

（3）聚集。聚集是指将相似或相同的单体，经过大小、位置、数量、方向等方面的变化，采用渐变式、发射式、特异式排列等形式进行集聚以产生新的几何状物体，如图 2-24 所示。

图 2-23 AANTELOPE 洗脸盆   图 2-24 音乐播放器

2.3 产品外部要素

产品的外部要素主要包括社会、经济、技术、时间、空间、用户等几个方面。这些要素与内部要素不同之处在于它们始终都是变化的，不受人的意志为转移，而且会影响生产者对产品内部要素的决策。不仅会对当前产品产生影响，更会对以后产品的发展方向产生影响。

2.3.1 社会要素

社会要素是指社会生活和文化中各种相互作用的因素。社会是人们共同生活的环境，是通过各种关系联系起来的集合。社会是由人组成的，同时社会又不单单指人，它还包括文化、时代和社会背景等因素。社会对一个产品是否接纳融合，与社会生活、文化等都有着密切的联系。

同样一款产品在不同的社会文化背景下起到不同的作用，引发不同的效果。文化的不同，人们对待事物的态度也不同。"龙"这一形象在东方人的观念中是尊贵的象征，但是在西方人的印象中却是邪恶的。所以当你在使用某个符号进行设计时，一定要注意你的目标人群是怎么看待这一符号的，这对产品设计的成功有着至关重要的影响。如果一款产品违反当地的风俗习惯，往往也不会被当地人所接纳或购买。因此不管是某款已经非常成功的产品想要进驻到一个陌生的领域还是设计一款新的产品时，往往需要实地考察当地的文化风俗习惯，对产品进行优化使之与当地文化相结合。

在另一个方面，像古代社会中有着严格的层级划分一样，现在社会中也有层级划分的痕迹。产品除了有使用功能外，往往也代表了一个人在社会中的地位。一款代表高科技与未来的产品，一款名牌的产品，往往是不菲的价格与之相匹配，而购买它们的人们也往往是社会高层的人们。而生活在社会底层的人们往往因为生活的窘迫而使用价格低廉的产品，因为他们并不想花钱去买那些好看但不实用的产品。

如图 2-25 所示为简易炉灶—Baker Stove，是两名设计师为非洲人们所设计的，它选用的材质是非常便宜的金属，可以减少煮食时热量的浪费，降低有害烟雾的排放，这种炉灶在非洲得以量产。但这种炉灶在发达社会中是无法生存的。

摩托罗拉公司的通信产品一直久负盛名，随着20世纪90年代小型手提电话的出现，就像商业电话当时成为人们工作的一部分一样，摩托罗拉把移动电话应用到了大众用户中，把商业产品转化成为民用产品。现在无线手提通信已经成为不可逆转的趋势，这与当时的社会背景是分不开的。当时的社会背景是美国的父母希望不断地监护自己的孩子，特别是那些未成年的孩子。同时希望自己的孩子参与更多的家庭活动，这样可以让家庭生活更有乐趣，而且还可以让一家人有更多的时间团聚从而更好地维持家人和子女的关系。在这样的社会背景下，摩托罗拉的手提对讲装置就得到了广泛的接受与欢迎，取得了巨大的成功。如图 2-26 所示为摩托罗拉Talkabout 对讲机。

图 2-25　Baker Stove

图 2-26　motorala Talkabout 对讲机

另外，社会制度的不同也会引起设计的不同，最明显的一个例子就是方向盘位置的设计。在中国和美国方向盘的位置是在左边，而在英国等国家方向盘却是在右边的，这与国家的交通政策等有着密切的关系。

因此，在进行产品设计时，我们不能忽略设计的目标人群生活在什么样的社会环境中，什么样的产品才能与他的需求相匹配，被其接受。针对目标人群在真实社会中的生活现状发现问题，挖掘需求从而进行产品研发，这样的产品更能经受住社会的考验。一个产品不是孤立存在的，它是社会系统的一部分，受各种社会因素的制约。产品要符合社会的发展需求，产品存在于社会之中才会有生命力。产品作为人们生活中不可或缺的内容融入到社会系统构成中，而社会又以强大的影响力和渗透力引导着产品的发展方向。

2.3.2　经济要素

经济要素主要包括经济发展状况、经济结构、居民收入、消费者结构等方面，通常指人们希望拥有或具有购买力的因素。经济要素也被称为心理经济学 (Economics Psychological)，是研究人们对生产关系、经济政策和经济机制的心理反映规律的科学。经济要素包括社会整体的经济情况，经济形势的预测，个人实际拥有的可以自由支配的收入、存款或贷款的利率，股市、债券的行情预测等。还包括谁在挣钱、谁在花钱、为谁花钱等问题。随着社会的不断发展和进步，人们的消费观念也在不断地发生着变化。

设计的产品要有转化为商业利益的潜力。设计不同于艺术，即使你的设计概念很有创意，但是无法转化成产品，形成实际的经济价值，公司看不到利益所在，那么这一设计概念往往滞留在概念阶段。所以在进行设计时要关注到投资方的利益，这款产品是否会给你的投资方带来价值，或盈利，要在设计初期的预言阶段有所结论。当然作为一名设计师我们也不能忘记最基本的职业道德，要在保证人们基本权益的基础下进行商业化的设计。

商业产品是商业的一部分，它生产出来的直接目的就是为了赚钱，因此产品和经济因素有着千丝万缕的联系。一个产品从设计开发到生产再到营销，都不能忽略经济因素，要不然产品不可能会成功。天堂伞是中国伞业的驰名品牌，质量有保障且价格合理，所以销量非常好。淘宝网上的一款天堂雨伞是雨伞类里卖的最好的，月销量上万把。它之所以如此成功不仅因为天堂的品牌效应，更在于它较高的性价比。所以产品要想取得成功，经济因素至关重要。当然经济因素不单单指价格，还包括成本、营销等。

产品的发展也要关注整个经济环境，如果整个经济环境不景气，也往往代表着人们的生活水平和购买力有所降低，此时投资什么样的产品，提出的产品需求是否符合当下的经济环境，是否与人们的购买力相匹配，这些都会成为产品成功与否的关键。

2.3.3　技术要素

技术要素是指对新技术和科研成果以及它们潜在价值的直接或是间接的应用。技术要素主要包括新材料和新工艺的发明与发现，计算机的巨大能力及潜在的能力，电子工业的技术革新，微生化技术以及娱乐、运动、电影、音乐技术等。一项新技术的出现往往会引发社会的巨大进步与发展，颠覆性地改变人们的生活状态与方式。

技术是第一生产力。产品离不开技术的支持，技术也往往是产品发展的瓶颈。一直以来产品都是技术发展的产物，当一个时代出现了新的技术，就会有大批利用这种技术的产品出现，从而改变我们的世界。例如，1785 年瓦特改良了蒸汽机，从而引发了工业革命。此后出现了数以亿计的产品。信息时代起始于公元后 1969 年，是伴随着计算机的出现和普及而开始的。从此以后，电子产品如雨后春笋般增长起来。像 iPhone 的触摸屏产品，如果没有技术上的支持与突破也无法得以实现。近几年移动互联网技术和智能手机技术的发展和成熟又带来了大量的产品机会，一时间交互设计专业成为最热门的专业，手机移动应用APP 的数量也成爆炸式的增长。

如图 2–27 所示，诺基亚 6120 手机本是有前置摄像头设计的，但是由于当时中国大陆不支持3G 网络，所以不能支持视频聊天等功能，其功能性大大减弱，由此此款手机在进驻中国市场时，将前置摄像头的设计取消，但是在价格上没有大的变化，这让中国消费者感到非常遗憾。所以说技术是提高工业设计的重要元素，起到了决定性的作用。一个设计是一个概念还是一个可以是实现的方案，技术是决定性因素。

图 2-27　诺基亚 2160（左为港货，右为大陆货）

2.3.4　时间要素

时间要素是指宏观一切具有不停止的持续性和不可逆性的物质状态的各种变化过程，其有共同性质的连续事件的度量衡的总称。在产品系统设计中时间要素主要包括产品开发所需时间和产品本身的使用寿命两个方面的内容。

1. 产品开发所需时间

产品开发所需时间是对整个设计流程时间的把控。影响产品开发所需时间的因素很多，具体包括产品所需技术水平的高低，需要整合的零件数目的多少，零件装配的难易程度，参与开发工作的人员数目以及人员组成的多样性程度等。一般情况下，预留给前期开发工作的时间越多，产品开发成功的概率就越高。在产品开发的过程中如果不注意时间的把控，导致产品上市延误，这比产品超出成本或性能不佳造成的损失更大。尤其是在节奏如此之快的当今社会，产品迭代周期越来越短，敏捷开发的方式越来越欢迎。一旦产品开发变慢，往往会被竞争对手抢占先机。

在开发产品的过程中，每一个过程都很重要，任何一个环节考虑不周全都会影响到产品的开发周期。问题往往出现在以下两个方面。

（1）对市场与用户需求不了解，导致开发过程中的往复，以致研发周期加长。

如果对市场与需求不做研究或是研究不到位，导致在研发过程中，需求一直改动，设计不断更改，研发工作重复，最终引发项目延误。这不仅使得成本增加，更会影响到产品上市的最佳时间，直接影响到产品的竞争力。更严重的问题是在产品上市后，才发现不能满足用户的真正需求，导致项目终止。

（2）管理上出现漏洞。

在开发产品的过程中，如何利用资源，怎样协调各部门之间的合作，怎样合理地将用户需求转化为技术文件等，都会影响到产品的开发进程。所以在开发产品的过程中，要对市场和需求进行研究与分析，以减少在开发过程中对需求的更改。另外，还要加强管理，合理有效地利用现有的资源。当然，除此之外还有很多需要我们注意的问题，如人力资源体系，KPI问题等。

2. 产品本身的使用寿命

产品本身都有自己的使用寿命，产品在不同的使用阶段给人的感觉是不一样的。如果能够让用户对所买的产品一直爱不释手，在一定程度上也说明了产品设计的成功。因此，设计师对于未来产品变化的预测是很重要的。

2.3.5 空间要素

一般来讲，空间要素主要包括产品所占空间和产品所处的空间两个方面的内容。

产品所占空间可以分为两部分：实空间和虚空间。实空间是指产品本身所占用的空间；虚空间是指不被产品本身占有的空间，但是却参与产品的形成。有些产品的实空间和虚空间是并存的。以水杯为例，当你拿起水杯喝水的时候，你会切实地的感觉到它的存在。就杯子的实空间而言，水是在杯子外面的，不可能在杯子的实空间里面，但是从杯子提供空间来装水而言，水却又在杯子里面。与其说杯子的功能是装水不如说杯子存在的意义是为了给水提供储存的空间。这两种空间虚实相生，实空间为杯子的存在提供了前提，而虚空间却又为杯子的实用性提供了保障。

产品所处的空间主要是指产品的使用空间。使用空间的不同也必然会影响产品设计的不同。以灯具为例，室外灯具和室内灯具由于所处环境的不同，接触的对象不同，所以设计很不一样。如图 2-28 所示，是为室外设计的灯具，由于室外所需的光线是模拟太阳光的，所以室外灯具设计的底座一般都比较高大。另外因为在室外要经得起风吹雨打，温度的骤变等情况，所采用的材料和表现形式也是有限的。如图 2-29 所示是居家的灯具。不论在颜色还是外形的设计上都与室外灯具有很大的不同。一般室内灯具的装饰性更强，放在家中起到装饰点缀的作用。特定空间下的产品设计发展环境使我们需要缜密地去构建全新地探索复杂事物的方法。

图 2-28 室外灯具　　　　　　　　　　图 2-29 室内灯具

另外还有一种是心理空间，是指从人的思维意识出发，探讨精神功能所在。心理空间诉诸于人的视觉，不仅仅限于实体形态的印象，同时在不自觉中也会产生心理的联想。从设计师的角度来讲，心理空间会在有限的物理空间内，利用形状、色彩、材质等要素，使实空间诗意盎然，并营造出无限的意境。

2.3.6　用户要素

用户要素一般是指一项服务产品或技术等的使用者或购买者。用户的分类有很多种，一般将用户分为直接用户和间接用户。直接用户包含有使用者和消费者，也就是经常使用和偶尔使用的用户。间接用户所指的范围比较广泛，包括产品的开发人员、管理人员、营销人员、后期的维修人员等。

随着生活水平的日益提高，人们的消费观念也逐渐发生着改变。围绕着衣食住行物质条件的消费观念，已逐步被以人的全面发展需求为主的消费观念所取代。用户越来越注重使用产品时的感受，而不再仅仅满足于完成目标任务。用户体验是从人们的日常生活出发，塑造良好的感官体验，得到用户的心理认同。

用户体验（UserExperience，简称 UE）是一种纯主观的在用户使用产品过程中建立起来的感受。但是对于一个界定明确的用户群体来讲，其用户体验的共性是可以经过由良好设计实验来认识到的。用户体验的核心在于系统能够带给用户价值感和愉悦度，而不仅是系统的性能。产品未来的发展趋势是要让用户感到愉悦而不仅是满足。换句话说，成功的产品一定要让用户感到物有所值，这种"值"并不仅仅是从逻辑上让他们感到所买到的产品很划算，更重要的是满足用户心理上的需求，让用户体验到"酷"。

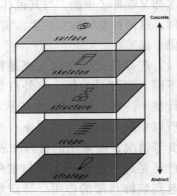

图 2-30　用户要素层面图

美国设计师 JesseJamesGarrett 在《用户体验要素》一书中，将用户要素分为 5 个层面，分别为：表现层、框架层、结构层、范围层、战略层，如图 2-30 中所示。

（1）表现层是指由图片和文字组成的视觉界面，当然也不乏有声音的参与，如图 2-31 中所示的 360 浏览器界面中添加了钢琴音效，给用户带来了惊喜。

图 2-31　添加了钢琴音效的 360 浏览器界面

（2）框架层是指表现层中的按钮、控件、文本区域、图片等的位置规划。框架层主要是用于优化设计布局，以发挥出这些元素最大的效果和效率。

（3）结构层是用来指导用户如何进入某个页面，并且在他们做完事情后能去什么地方。如果说框架层定义了导航条上的各要素的排列方式，那么结构层则确定哪些类别应该出现在那里。

（4）范围层是由结构层确定了网站各种特性和功能最合适的组合方式构成的。范围层要解决的问题是某个功能是否应该成为一个网站的功能。

（5）战略层不仅仅包括经营者想从网站得到什么，也包括用户想从网站得到什么。

五个层面的要素构成了一个基本的架构，在这个架构上我们讨论用户体验的问题，以及用什么工具来解决用户的体验。每一层面的要素都是由下面的一层来决定的，如果没有保持上下层的一致性，很可能会导致项目的失败或是使项目延期，费用上涨，成功率降低。

思考题

挑选一个案例对其进行产品系统设计要素分析。

作业要求

1. 熟悉本章提供的产品系统设计要素，并了解各要素之间的相互关系。

2. 对案例的选取不做强制要求，可以是自己熟悉或感兴趣的产品也可是比较知名的产品等。

作业内容

1. 尝试列举此产品的各内部要素和外部要素的特点及作用。

2. 并在此基础上分析各要素之间的联系。

3. 对此产品进行深入的调查研究，将其与同类产品进行比较研究等，找出其产品缺口。

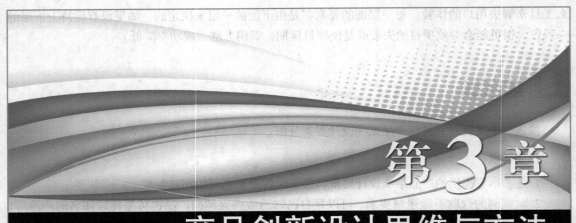

第3章

产品创新设计思维与方法

 本章要点

  本章节主要讲述了产品设计前的创新设计思维与方法。产品创新设计思维主要包括发散思维和收敛思维，横向思维和纵向思维，正向思维和逆向思维，直觉思维和灵感思维，以及联想思维等。产品创新设计方法包括基于理解产品与用户的创新技法，基于激发集体智慧的创新方法，基于开阔、发散思维的创新技法，基于借鉴其他成果的创新技法和其他创新技法。

 学习目的与要求

  通过创新设计思维与方法的理论学习，熟悉不同的创新设计思维形式，并重点掌握不同的创新设计方法。学会根据具体设计方案选择合适的创新设计方法，为发散思维、开展设计并完善设计方案做准备。

3.1 产品创新设计概述

3.1.1 设计与创新

设计是把一种计划、规划、设想通过视觉的形式传达出来的活动过程。人类通过劳动改造世界，创造文明，创造物质财富和精神财富，而最基础、最主要的创造活动是造物，设计便是对造物活动进行预先的计划。

创新是以新思维、新发明和新描述为特征的一种概念化过程。它原意有三层含义，第一，更新；第二，创造新的东西；第三，改变。创新是人类特有的认识能力和实践能力，是人类主观能动性的高级表现形式。创新在经济、商业、技术、社会学以及建筑学这些领域的研究中有着举足轻重的分量。

设计是一种创造性活动，创造性活动需要突破性的改变。改变是设计的本质要求，只有美妙的改变才能散发出设计的魅力。创新是一种超越性的改变，这种改变是全新探索的成果。从意识形态上来说，创新是设计至关重要的组成因子，如图 3-1 所示。缺失创新的设计其存在性必然会受到致命的影响。

图 3-1 设计与创新

3.1.2 产品创新设计

通过了解设计与创新之间的关系，可以得出产品设计的本质是创新设计，创新的重要性被凸显了出来。产品创新设计追求的是超越已有的产品，提供全新的存在形式和服务方式。在前边绪论里也提到过，随着人类文明成果的积累，产品世界已变得异常的丰富。科技是一把双刃剑，在带来丰富产品的同时也带来了愈加复杂的亟待解决的新生问题。加之消费者追求更加优质的服务，冲破这些新的问题的缠绕，产品设计需要用创新幻化出有说服力的改变，如图 3-2 所示。手机的演变是由非智能手机到智能手机。这是由产品设计创新产生的。

面对需求环境的变化，设计要解决的问题已完全不同于以往。不同的设计背景、不同的设计素材和不同的任务诉求，使产品设计只有因时制宜地寻求创新才能满足时代的需求。

完善的学科都会呈现系统化的趋

图 3-2 手机的演变

势，系统具有稳定性和规律性，能够稳定、高效地指导实践工作的进行。靠天马行空般想象的传统创新方式已不足以满足快速变化的世界对创新的渴求，所以创新同样需要方法论和系统理论的指导。创新拥有自己的方法论和体系，也正在为设计服务。在接下来的内容中，将着重介绍可以服务于产品创新设计的创新思维和创新方法，只有很好地掌握并运用系统的方法，才能够有方向、更准确地创新并带来改变世界的设计。

3.2　创新设计思维

3.2.1　创新设计思维概述

创造性思维是指在客观需要的推动下，以存储信息和新获得的信息为基础，克服思维定势，综合地运用各种思维形式，通过分析、综合、比较、抽象，选出解决问题的最优方案；或者是系统化地综合信息，创造出新方法、新概念、新观点、新思想，从而促使认识或实践取得重大进展的思维活动。设计思维，是以问题为导向，对设计领域出现的问题进行搜集、调查、分析，并最终得出解决方案的方法和过程。设计思维具有综合处理问题的能力，提供发现问题和分析问题的方法，最终给出新的解决方式。

设计是一种创造性的活动，创新是设计存在的基础和本质的必然要求。设计的属性决定了其对创造性思维先天性的依赖，创造性思维贯穿了设计的核心过程。当创造性思维具体体现在设计思维上时，由于其创新的属性和最终诉求，可以将其称为创新设计思维。创新设计思维致力于运用创造性的思维思考设计问题，进而提供全新的解决方案。

3.2.2　创新设计思维的形式

创新设计思维是思考设计问题，解决设计问题的方式。回到思维层面，创新设计思维是创造性思维在设计上的延伸和具体化，为了更好地运用创新设计思维，我们有必要学习创造性思维的具体形式。

创造性思维的形式中，典型的有发散思维与收敛思维，横向思维与纵向思维，正向思维与逆向思维，直觉思维与灵感思维，联想思维等。下面通过特征、方法以及事例三个方面来介绍几种主要的思维形式。

1. 发散思维与收敛思维

（1）发散思维。又称放射思维、扩散思维。是指大脑在思考时呈现一种扩散状态的思维模式。图 3-3 所示为发散思维示意图。发散思维追求思维拓展的广阔性和发散性，不受现有知识和传统观念的束缚，思维从基点沿着不同方向多角度、多层次的思考和探索。著名的创造学家吉尔福特曾说过："正是在发散思维中，我们看到了创意思维最明显的标志。"

图 3-3　发散思维示意图

发散型思维的特征

①流畅性。指思维的自由发挥。要求在尽可能短的时间内完成并表达出尽可能多的观

念或想法以及快速地适应、消化新的思想概念。流畅性反映了发散思维在速度和数量方面的特征。

②变通性。反映了思维的灵活度。变通性要求人们克服头脑中固有的思维模式，按照某一种或多种新的方向来思索问题。变通性需要借助于横向类比、跨域转化、触类旁通，以使思维沿着多方面和多方向扩散，表现出多样性和多面性。

③独特性。发散思维的独特性要求人们在发散思维中做出异于他人的新奇反应。独特性反应了发散思维的本质，并且是发散思维的最高目标。

④多感官性和情感性。发散性思维不仅仅运用视觉感官和听觉感官，而且充分利用其他感官对信息进行接收和加工。发散思维与情感也有密切关系。如果思维者被激发产生兴趣和激情，通过把信息情感化，赋予信息以感情色彩，在一定程度上可以提高发散思维的速度与效果。

发散思维的方法

①用途发散。以一个物品为扩散点，尽可能多地列举其用途的方法。

②功能发散。以一种功能为发散点，设想出获得该功能的各种可能性的方法。

③结构发散。以某个事物的结构为发散点，尽可能多地设想出具有该结构的各种可能性的方法。

④因果发散。以某个事物发展结果为发散点推测造成结果的各种原因，或者以某个事物发展的起因为发散点，推测可能发生的各种结果的方法。

发散思维事例—微型电冰箱

很长时期，电冰箱市场一直被美国所垄断，这种高度成熟的产品竞争激烈，利润率很低，美国的厂商显得束手无策。而日本却异军突起，发明创造了微型电冰箱。人们发现除了可以在办公室使用外，还可安装在野营车、娱乐车上，外出旅游，条件舒适。微型电冰箱改变了部分人的生活方式，也改变了它进入市场初期默默无闻的命运。微型电冰箱与家用冰箱在工作原理上没有区别，其差别只是产品所处的环境不同。日本把冰箱的使用方向进行思维发散，由家居转换到了办公室、汽车、旅游等其他侧翼方向，有意识地改变了产品的使用环境，引导和开发了人们潜在的消费需求，从而达到了创造需求、开发新市场的目的。

（2）收敛思维。又称聚合思维、求同思维。指在解决问题的过程中，运用已有的知识和经验对信息进行组织和整合，目的是使思维始终集中在同一个方向，从而使思维简明化、条理化、逻辑化、规律化。图3-4所示是收敛思维示意图。

图 3-4　收敛思维示意图

收敛思维的特征

①封闭性。发散思维的过程是以问题为中心向四面八方发散，而收敛思维则是将发散之后的结果汇集起来。如果说发散思维的思考具有多方向性、开放性，那么收敛思维则是集中的、封闭的。

②连续性。在进行发散思维的过程中，不同想法之间可以没有任何联系。发散思维是一种跳跃式的思维方式，具有间断性。收敛思维则不同，必须环环相扣，具有较强的连续性。

③求实性。发散思维作为前期阶段发散式的设想，追求设想的数量，但是多数都是不成熟的。也正因为如此，我们需要进行收敛思维，对发散思维的结果进行筛选，而筛选出来的一般是切实

可行的。所以，收敛思维就带有很强的求实性。

④聚焦性。收敛思维要围绕一个问题进行深入，有时会停顿下来，把原有的思维进行浓缩、聚拢，加深思维的纵向深度。在解决的问题上明确特定的方向，从而更深层次、更本质地去解决问题。

收敛思维的方法

①目标识别法。此方法要求首先确定目标，认真观察，作出判断，找出其中的关键，围绕目标定向思维。

②层层剥笋法。在思考问题时，最初认识的只是问题的表面，随着认识的深入，逐渐抛弃非本质的、繁杂的特征，以求揭示出表面现象背后深层的本质的方法。

③聚焦法。指人们思考问题时，将前后思维领域进行浓缩和聚拢，以便更有效地审视和判断某一问题的信息的方法。

发散思维是思维从一个中心点出发向四周发散，努力寻找更多的解决方案。收敛思维则是在众多的现象和线索中集中向着问题的方向思考，也就是说要将思维指向问题中心，以求获得准确的解决问题的方法。在解决问题的具体操作上，发散思维进行广泛搜集，收敛思维则对发散结果进行加工处理。无发散则无收敛，而无收敛，发散也毫无意义。两者相辅相成，共同协作，完成创新过程。

收敛思维事例—洗衣机

收敛思维是在发散思维基础上的集中，是发散思维后的深化。比如就洗衣机的发明来说，首先围绕"洗"这个关键问题，通过发散思维列出各种各样的洗涤方法，如洗衣板搓洗、用刷子刷洗、用棒槌敲打、在河中漂洗、用流水冲洗、用脚踩洗等，然后再进行收敛思维，对各种洗涤方法进行分析和综合，充分吸收各种方法的优点，结合现有的技术条件，制订出设计方案，然后再不断改进，结果成功发明了洗衣机。

2. 横向思维与纵向思维

（1）横向思维

横向思维是一种共时性的横断性思维。具体是指思维具有横向发展，即宽度上发展的特点。图3-5所示为横向思维的示意图。横向思维的过程中，可以通过截取历史上的某一横断面，研究一个事物在不同环境下的发展状况，并将其与周围事物进行比较，从而得出事物在不同环境中的不同特点，以便更深刻地了解事物。

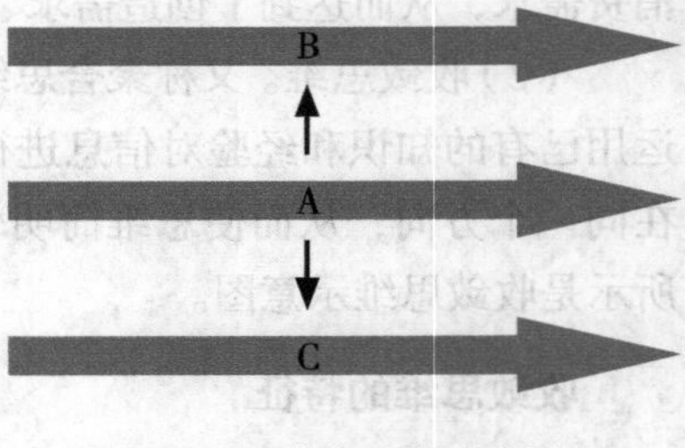

横向思维善于从多个角度去了解和认识事物，强调更加宽广的视野，其在创造活动中起着重要的作用。

图3-5 横向思维示意图

横向思维的特征

横向思维具有共时性、横断性和开放性的特点。

横向思维的方法

①对问题本身要产生多种设想方案（类似于发散思维）。

②打破思维定势，提出富有挑战性的假设。

③对头脑中冒出的新主意不要急着做是非判断。

④反向思考。用与已建立的模式完全相反的方式思维，以产生新的思想。

⑤对他人的建议持开放态度，使不同思考者的想法形成交叉刺激。

⑥扩大接触面。寻求随机信息刺激（如到图书馆随便找本书翻翻，从事一些非专业工作等），以获得有益的联想和启发。

横向思维实例—日本圆珠笔

为了解决圆珠笔漏油问题，专家们没少动脑筋，研究油墨配方的改进，又研究钢珠与钢圆管的硬度，可是均为获得效果。正当这项研究毫无进展的时候，日本有一个小企业主，想出了一个绝招：将原笔芯里装的够写 2 万字的油墨，改为只能写 1 万字，这样圆珠笔芯漏油的问题迎刃而解。纵向思维是需要步步正确，但横向思维可能绕个弯，甚至是逆向而行，却有效地解决了棘手的问题。

（2）纵向思维

纵向思维是一种历时性的思维方式。它主要从事物自身出发，通过了解事物的过去和现在，发现事物在不同时期的特点和前后关系，从而抓住事物的本质。图 3-6 为纵向思维示意图，纵向思维被广泛应用于科学和实践领域当中。事物发展过程是纵向思维的基础。每个事物都必经过萌芽、成长、发展再到最后死亡的过程。纵向思维通过分析和研究事物发展的过程得出事物发展的规律性。

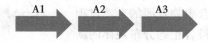

图 3-6　纵向思维示意图

纵向思维的特征

①贯穿性。纵向思维是由轴线贯穿的思维进程。纵向思维的过程中，我们会抓住事物的特征进行比较和分析。每个事物自身发展演变过程的背后，始终有一条本质的轴线贯穿其中，时间轴是最为常见的一种，如人类发展的历史就是靠时间串联起来。在一些专项研究中，轴的概念就丰富很多，比如设计创新中不同材料的概念表现，这里材料轴就是贯穿始终的一条轴。

②阶段性和递进性。纵向思维需要考察事物不同发展阶段的特征，这注定了纵向思维具有阶段性的特征。不同阶段之间相互连接和关联，又形成了一定的递进性。

③稳定性。进行纵向思维，需要在设定的条件下进入一种沉浸式的思考，思路要清晰、连续、不受干扰。在一定程度上也要求进行纵向思维的人要集中精神、情绪稳定，因而纵向思维需要良好的稳定性。

④明确的目标性和方向性。进行纵向思维需要明确的目标和方向，这样对待事物的分析才具有针对性，才能够深入到一定的深度。明确的目标和方向也保证了进行纵向思维时能够把所有的时间和精力汇聚来解决主要问题。

纵向思维方法

①向下挖掘。指对当前某一层次的某个关键要素按照新的方向、新的角度、新的观点进行分

析和综合，以发现与这个关键因素有关的新属性，从而找到新的联系和观点的方法。

②向上挖掘。指对当前某一层次的若干现象的已知属性，按照新的方向、新的角度、新的观点进行新的抽象和概括，从而挖掘出与这些现象相关的新的因素的方法。

横向思维倾向于分析事物存在的环境，纵向思维侧重于分析事物自身发展的特征和规律。想要完整地分析事物必须有内有外，二者缺一不可。

纵向思维实例—材料的创新运用

在产品设计中，从材料本身的特性出发，运用一些新的材料和新的工艺达到创新产品的作用的方法就是一种纵向思维的方法。有时，新材料或工艺的运用能够产生新的视觉效果和更好的性能。德国肖特赛兰微晶玻璃有纵向传热，横向不传热的特性，将其应用于制造电磁炉。在使用过程中，面板的温度并不高，减少了辐射和无效的能耗，使热效率高达85%。此外，还有环保、便于清洁、安全、使用寿命长、自由的外型等众多优点，使之成为高档、时尚的象征。

3. 正向思维与逆向思维

（1）正向思维

思维具有方向性。正向思维也叫做垂线思维，是指人们在创新性思维活动中，按照常规思路去分析问题，遵循事物发展自然过程，以事物本身的常见特征和一般趋势为标准的思维方式。是一种从已知到未知，从过去到未来以揭示事物本质的思维方式。如图 3-7 所示，正向思维时间轴与时间方向一致。随着时间的进行，符合事物发展的自然过程和人类认识的过程，能够发掘符合正态分布规律的新事物及其本质。面对生活中的常规问题，正向思维具有较高的效率和较好的处理效果。

图 3-7　正向思维示意图

正向思维的特征

①积极性。正向思维使大脑处于激活状态，调动身体各个系统和各个器官有效地朝指令方向运动，挖掘创造力。

②开放性。正向思维以开放的心态来看待问题，以一种开放的姿态来对待事物发展的每一个过程，能够更加全面深入地了解问题的本质。

③导向性。正向思维通过对事物的自然发展过程的深刻探究，能够发现和认识新事物及其本质，正向思维具有较高的效率，对于问题的最终解决具有正面的导向作用。

正向思维方法

①缺点列举法。是在解决问题的过程中将思考对象的缺点一一列举出来，针对发现的缺点进行改进，从而解决问题的方法。

②属性列举法。是指将事物分为若干单独的个体，各个击破，通过将创意对象的特性分解，从而找到改进途径的方法。

正向思维实例—掌上电脑

全新的创新通常是科学技术上的创新带来产品的创新，产品的产生到完善同样也是漫长的过程，每一次完善都是一次巨大的创新和飞跃。计算机把我们从工业时代带入了比特时代，也给人类的生活和工作方式带来了极大的便利。1946 年，世界上第一台计算机 ENIAC 诞生在美国宾夕法尼亚大学，体积庞大，耗电量巨大且操作不便利，但是在当时是非常神奇的。随着技术的进步，功能日益强大，运行速度逐渐加快，形态更加小巧，发展到现在世界上最小的掌上电脑，这是一次巨大的创新。这种随着技术的不断发展而实现产品的创新和进步的思维方式就是一种正向思维。

（2）逆向思维

逆向思维是与正向思维相反的创造性思维方法。指的是人们在思考问题时跳出常规思维，"反其道而思之"，改变思考对象的空间排列顺序，如图 3-8 所示从已知的事物推知未知的事物，它是对司空见惯的或是已成定论的观点或想法反过来的一种思维方式。例如从 A 事物与 B 事物的联系，反推 B 事物与 A 事物的另外一种联系。逆向思维利用了思维的可逆性，从反方向进行推断，并运用逻辑推理去寻找新的解决方案的思维方式。

图 3-8　逆向思维示意图

逆向思维的特征

①普遍性。逆向性思维在不同领域都有适用性。由于对立统一的规律是普遍适用的，而对立统一的形式却是多种多样的，有一种对立统一的形式，相应的就会有一种逆向思维的角度。所以，逆向思维也有多种多样的形式。但不论是哪种方式，只要是从一个方面到与之对立的另一方面的思维推导方式，都是逆向思维。

②批判性。逆向与正向是相比较而言的。正向思维是常规的、公认的或习惯性的想法与做法。逆向思维则相反，是对传统、惯例、常识的反叛，是对惯常思维的挑战。逆向思维能够克服思维定势，打破由经验和习惯造成的僵化思维模式。

③新颖性。运用循规蹈矩的思维方式解决问题虽然简单，但是容易使思路刻板、僵化，摆脱不掉常规思维的束缚，得到的答案也是没有新意的。经验一方面能够让我们解决问题更加高效，但是固有的经验也能让人们忽视自己不熟悉的那一面。逆向思维能够克服这一障碍，得出出人意料、不同的解决方案。

逆向思维方法

①反转型逆向思维法。是指从已知事物的相反方向进行思考，产生发明构思途径的方法。

②转换型逆向思维法。是指在研究问题时，在解决这一问题的手段受阻时，转换成另外一种手段或转换思考角度，以使问题得以顺利解决的方法。

③缺点逆向思维法。是一种利用事物的缺点，化被动为主动，化不利为有利的方法。

逆向思维事例—无烟煎鱼锅

日本有一位家庭主妇在煎鱼时，对鱼总是会粘到锅上而感到很恼火，煎好的鱼常常是散开的，不成片。有一天，她在煎鱼时突然产生了一个想法，不在锅的下面加热，而在锅的上面加热。经过多次尝试，她想到了在锅盖里安装电炉丝从上面加热，最终制成了令人满意的煎鱼不粘锅。现在在市场上出售的无烟煎鱼锅就是把原有煎鱼锅的热源由锅的下面安装到锅的上面。这是利用逆向思维，对产品进行反转型思考的产物。

4. 直觉思维与灵感思维

（1）直觉思维

直觉思维是指对一个问题未经深入分析，仅凭对少量本质性现象的感知就能够迅速地对问题答案做出一定判断和猜想。对未来事物的结果有某种预感或预言也属于直觉思维。直觉思维本身是一种心理现象，它不仅在创造性思维活动中起着关键性的作用，还是人类生命活动、延缓衰老的重要保证。直觉思维是可以通过有意识的训练而加以培养的。直觉思维和逻辑思维同等重要。人的思维方式偏离任何一方都会制约一个人思维能力的发展。伊思·斯图尔特曾经说过："数学的全部力量就在于直觉和严格性巧妙地结合在一起，受控制的精神和富有美感的逻辑正是数学的魅力所在，也是数学教育者努力的方向。"

直觉思维的特征

直觉思维具有自发性、灵活性、快速性、偶然性和不可靠性等特点。从培养直觉思维的角度来看，直觉思维具有简约性、创造性和自信力三个主要特点。

①简约性。直觉思维是对思维对象从整体角度上的敏锐回答。它不需要经过一步步的分析和考量，需要的仅是对自己已有经验的一种调动，实质上却是一种长期积累后的升华。直觉思维是一瞬间的思维火花，是一种跳跃式的思考方式，是思考者的灵感和顿悟，是思维过程的高度简化，但它却能轻松地触及事物的本质。

②创造性。伊恩·斯图加特说："直觉是真正的数学家赖以生存的东西。"许多重大创造性的发现都是基于直觉。欧几里得几何学的五个公设是基于直觉，从而建立了欧几里得几何学这栋辉煌的大厦。哈密顿在散步时，头脑中迸发出构造四元素的火花。阿基米德在浴室里找到了辨别王冠真假的办法。凯库勒发现苯分子环状结构也是一个直觉思维的成功典范。

③自信力。直觉思维是在有限的条件下，对问题解决方案的大胆预测和猜想。这种预测和猜想很可能是在证据不完备的情况下提出来的，但是这种假设又很可能是问题的最佳解决方案，因此需要思维者拥有足够的自信。只有相信自己的能力，相信自己的判断，对猜想充满信心时，预测和猜想才有机会去得到验证。因此，直觉思维要求思维者必须有自信，这是直觉思维者必备的心理条件之一。

直觉思维方法

①知识经验法。这种被称为第六感的直觉思维多是依赖于自己的知识和生活经验而出现的，而广博的知识和丰富的生活经验是直觉强化的基础。

②精简法。指要对信息进行去粗取精，对问题进行归纳简化处理的方法。

③"薄片撷取"法。指在潜意识很短的时间内，可以凭借少许经验切片，收集必要的信息，从而做出内涵复杂的判断的方法。

直觉思维事例—暖气余热集热器

在北方，冬天热热的暖气总会有一些格外的用途。我们会不自觉的将一些可被加热的东西放于暖气片上加热。暖气余热集热器便是这样一个设计，它将北方居民常见的铸铁暖气片与加热板的概念组合起来。整体采用导热陶瓷材料，中空而在下部设有能卡在暖气片上的凹槽，这样的结构不但能够保证稳定性，还能降热量源源不断的传输到上部的加热板上，可以用来给茶水或食品保温，在冬季非常实用。这样的例子也比比皆是，巧妙的运用了直觉思维的方法。

（2）灵感思维

灵感思维也称做顿悟，是借助于直觉启示快速迸发领悟或理解的思维形式。灵感思维不是一种简单的逻辑或是非逻辑的单向思维活动，而是逻辑与非逻辑相统一的理性思维过程。灵感思维是创造性思维最重要的形式之一。从艺术角度来讲，灵感思维是指在艺术创作中，人的大脑皮层处在高度兴奋时的特殊心理状态和思维形式，它是在一定形象思维和抽象思维基础上能够突如其来的产生新概念或想法的顿悟式的思维形式。钱学森说："如果把非逻辑思维视为形象思维，那么灵感思维就是顿悟，实际上是形象思维的特例。"灵感的出现常常带给人们渴求已久的智慧之光。灵感的出现在时间上和空间上都具有不确定性，但是灵感的产生所需的条件却是相对确定的。灵感的产生有赖于长期的知识积累、良好的精神状态以及和谐的外部环境，有赖于对问题的长时间分析和探索。

灵感思维特征

灵感思维通常是在无意识的情况下产生的，它与形象思维和抽象思维相比，具有突发性、偶然性和模糊性等特征。

①突发性。灵感往往出现在出其不意的刹那间，使长期得不到解决的问题突然找到答案。在时间上，它不期而至，突如其来；在效果上，它出其不意，意想不到。突发性是灵感思维最突出的特征。

②偶然性。灵感在什么时间出现，在什么地点出现，或在哪种条件下出现，都是难以预测并且带有很大的偶然性，往往给人以"有心栽花花不开，无意插柳柳成荫"之感。

③模糊性。灵感的产生往往是一闪而过，稍纵即逝的。它所产生的新观点、新设想或新结论会让人感到模糊不清。如果要达到精确，还必须加入形象思维和抽象思维的辅佐。灵感思维的模糊性，从根本上说是来自它的无意识性。形象思维、抽象思维都需要在有意识的条件下进行，而灵感思维却是在无意识中进行的，这是灵感思维与形象思维、抽象思维的根本区别所在。

灵感思维方法

①久思而至法。指思维主体在长期的思考没有成果的情况下，暂将问题搁置，转而进行与其无关的活动，在这种"不思考"的过程中找到答案的方法。

②自由遐想法。指放弃僵化、保守的思维习惯，围绕问题，依照一定的随机程序对大量信息进行自由组合和任意拼接的方法。

③急中生智法。指情急之中做出判断的方法。

④豁然开朗法。指依赖外界的思想点化，比如语言表达上的明示或暗喻，来寻求问题解决方案的方法。

灵感思维事例—世界气象组织馆

上海世博会的建筑场馆中的世界气象组织馆被誉为"云中水滴"，它的设计师最初的设计灵感就是从中国气象局的标记—朵云开始的，以"云"为构想，将四个大小各异、方向不同的白色扁圆球体相结合，采用钢结构和膜结构材料建筑而成，外层的膜结构可以起到降温、节能、环保的作用。

同样，宝马汽车的大灯设计是从鹰的眼睛得来的灵感，体现了宝马品牌凛然不可侵犯的王者风范。从牛马不相及的东西中获得灵感，可以帮助设计师突破习惯思维，带来更多新颖的设计。

5.联想思维

联想思维是根据当前感知到的事物、现象或概念，而想到与之相关的事物、现象或概念的思维活动。联想思维可以快速地将记忆中搜索出的信息进行分析、整理，并构造一种联系，但是这种思维过程中是没有固定的思维方向的自由式思维活动。联想思维可以开阔思路，加深对事物的认知。

联想思维的特征

联想思维具有连续性、形象性和概括性等特征。

联想思维方法

①相关联想。指根据事物所处的时间、空间，或是事物本身的形态、构造、功能、性质或作用而产生另一种事物的类同或近似的联想。

②相似联想。根据事物的相似性进行的联想。相似性是指一个事物与另外一个事物在形式或性质上存在相同或是相似之处。

③对比联想。根据不同事物间存在完全对立或某种差异而引起联想的方法。通过不同事物之间的比较和分析，从因到果或是从果到因的方法。

联想思维事例

苏联卫国战争期间，列宁格勒遭到德军的包围，经常受到敌机的轰炸。在这紧急关头，苏军尹凡诺夫将军一次视察战地，看见有几只蝴蝶飞在花丛中时隐时现，令人眼花缭乱。这位将军随即产生联想，并请来昆虫学家施万维奇，让他设计出一套蝴蝶式防空迷彩伪装方案。施万维奇参照蝴蝶翅膀花纹的色彩和构图，结合防护、变形和仿照三种伪装方法，将活动的军事目标涂抹成与地形相似的巨大多色斑点，并且在遮障上印染了与背景相似的彩色图案。就这样，使苏军数百个军事目标披上了神奇的"隐身衣"，大大降低了重要目标的损伤率，有效地防止了德军飞机的轰炸。

创新设计中不仅要将发散思维与收敛思维相结合，同时还要发挥横向思维、纵向思维、正向思维、逆向思维的共同作用。结合具体实际情况，综合利用合适的思维方法去完成一个综合性的实际问题。

3.3　创新设计方法

黑格尔曾说：方法是任何事物都不能抗拒的、至高的、无限的力量。笛卡尔则认为，最有用的知识莫过于关于方法的知识。中国有古语："授人以鱼，不如授人以渔。"由此可见方法的重要作用。

创新设计方法是在人们长期实践的基础之上总结提出的，是用于辅助人们进行设计创新活动的手段和策略，是有效的、成熟的创新方法的总结性表达。创新思维方法是创新设计方法发展的源头。创新思维方法有广义和狭义之分。广义上讲，是指创新过程中所运用的一切思维方法，包括逻辑性思维方法和非逻辑性思维方法。狭义上讲，创新思维方法是指创新过程中产生新颖独特的思路、创新的设想时所运用的思维方法。

笔者认为，创新设计方法已不仅仅是概念设想时的思维活动。创新设计是一个系统的创造性活动，整个设计系统的流程都需要创新设计方法的创造性成果。

3.3.1 基于理解产品与用户的创新方法

1. 一手研究

要想深入而透彻地去了解一个问题，最好的办法就是采取实际行动亲自到现场去考察，以求发现现象背后的本质问题，并学会在调研中理解和体会，这是一手研究最为关键的地方。一手研究的过程中参与者不能凭主观臆断，不能带有主观偏见和先入为主的观点和看法，而是应该具有包容的态度和开放的思想，时刻准备获取有价值的信息。

一手调研有很多方法，包括锁定目标人群、收集特征资料、用户访谈与问卷调研等。在一手研究中，那些生动的故事和细节的描述都可以成为有价值的细节参考，之后很可能成为解决问题的关键所在。在调研过程中要善于运用照片、视频或音频的形式加以记录，以便为日后的研究提供有价值的参考。

图 3-9 所示就是对于滑板运动的一手研究资料。通过分析使用者使用产品时的行为、习惯，更加深入地去了解滑板的使用场景，为之后的概念设计提供一手的资料。

图 3-9 一手研究

2. 二手研究

二手研究是对已经公布的信息或是出版的刊物进行调查研究的方法。如今，互联网技术发达，足不出户便可知天下事，二手研究能够通过互联网进行大量的资料收集。二手资料通常以新闻报道、报刊杂志（见图 3-10）相关书籍和专利网等相关网站作为获取信息的媒介。虽然这些信息不是亲自调查而得来，但是二手资料常常经过了权威的认可，参考价值显而易见。

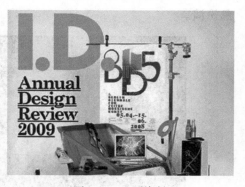

图 3-10 二手资料

二手研究的方法有它自身的局限性。二手研究所收集的资料通常脱离了实际的环境而带有不准确性和时效缺失性。因此二手资料的研究得出的结论是不全面的，或许带有误导性的成分。在二手研究的过程中，应对有价值的信息进行细致的梳理和归纳以便后期使用。

一手研究和二手研究各有长处。一手研究的优势在于可以通过实际的考察去发现问题的实质，二手研究具有高效性和广泛性。为了高效地获得准确和全面的调研结果，实际的调查过程中通常都是将两者结合起来综合运用。

3. 特征描述

特征描述为了解目标个体的行为、习惯和个性特点提供了有效的方法，是一种非常重要且必要的调研方法。特征描述的目的在于通过收集各种与用户相关的细节信息来帮助理解用户，并将其作为重要的设计来源和参考。具体操作：搜集与目标人群息息相关的生活物品，通过相关物品去理解和分析目标人群的行为特点和群体性特征。

目标用户在选择产品时，驱动选择的因素很难确定。因此设计师在收集相关物品之后，要对这些物品进行细致的分析，发现物品之间的联系，找出目标用户的兴趣点，如样式、品质、材质、颜色、功能等因素。图3-11所示是与人的生活息息相关的帽子、鞋子、耳机，这些事物反映了相关用户在某些产品选择上的兴趣点。

搜集到的相关物品及其分析可以存档保留，甚至可以创建一本用于代表目标人群的视觉画册，以便为随后的设计提供参考。

图3-11　特征描述

4. 角色扮演

角色扮演是一种以表演的方式洞察概念的方法，能够引起设计师与用户之间身体和心理上的共鸣。

角色扮演包括心理角色扮演和身体角色扮演。心理角色扮演只要由扮演者在脑海中将情节扮演来完成。心理角色扮演是随时随地都可以实施的。身体角色扮演则是一种现实的行为互动，通过在一个真实的特定场景中，扮演者利用自身的阅历和经验，去尽可能模拟目标角色的性格和特征。在现实中，任何事物都可以作为虚拟的替代品。图3-12所示为角色扮演。

图3-12　角色扮演

习惯使一些现象"习以为常"，我们很少去察觉这些习惯。而角色扮演作为理解用户的一种手段和方法，过程中通常能够发现很多重要的问题。大多时候设计问题就隐藏在习惯的背后，角色扮演能够放大存在的问题，帮助设计师发现设计点。角色扮演是一种简单有效但又不同寻常的发现问题的方法，能够以再现展示的方式促进设计者对全局问题的切实理解。

3.3.2　基于激发集体智慧的创新方法

1. 头脑风暴法

"倘若你有一个苹果，我也有一个苹果，而我们彼此交换苹果时，你和我仍然各有一个苹果。但是，倘若你有一种思想，我有一种思想，当我们彼此交换思想时，你和我将会各有两种思想。"这是乔治·肖伯纳说的。与肖氏思维具有同出一辙思想的创造学家 A.F·奥斯本，则直接向发明创造者大声疾呼："让头脑卷起风暴，在智力激励中开展创造！"

头脑风暴法出自"头脑风暴"一词。头脑风暴一词最早是精神病理学上的用语，指的是精神病患者毫无约束的言语与行为的表现。头脑风暴法是由美国创造学家奥斯本于 1939 年提出、1953 年正式发表的用于激发创造性思维的方法。头脑风暴法又称 BS 法、自由思考法。其核心在于自由的联想。通常是通过小组会议的形式，针对特定问题进行广泛讨论和深入挖掘，提倡自由发表建议和想法，形成彼此激发、相互诱导、激发群体智慧和创造力、最终产生无限创意的创新技法。图 3-13 所示为头脑风暴的使用场景。

图 3-13　头脑风暴

头脑风暴法经过多年的发展，已经产生了很多变形的技法。著名的有"克里士多夫智暴法"或称"卡片法"，是让参与者在数张卡片上轮流写下自己的设想。鲁尔巴赫的"635"法，即 6 个人，每人每次写 3 个设想，每 5 分钟交换一次。还有"反头脑风暴法"，即专门对他人的设想进行找毛病、评判、挑剔、责难，以期达到不断完善的目的。

为了保证头脑风暴的顺利进行，并且得到可靠的结果，在进行头脑风暴的过程中我们一定遵循一些技术操作上的原则。首先，是自由思考。要有清晰的主题和目标，头脑风暴法要求参与者尽可能发散思维、无拘无束、畅所欲言，不必考虑自己的想法是否可行，想说什么就说什么。过程进行中应努力营造和谐自由的气氛，在这里实现集体智慧的激烈碰撞，并完整记录信息。

其次，是延迟评判。要求参与者在会上不要过早地对他人的设想进行评判，因为过早地进行评判和结论，就会扼杀许多新的概念和想法。需要让每个人都不受限制，尽量克服大脑的禁区，充分发掘创造力。再次，是以量求质。头脑风暴过程中提出的设想，观点越多越好，只有达到一定的数量才能够在众多的点子当中筛选出最佳方案，以便之后进行深化。头脑风暴追求以大量的设想来保证质量的提高。最后，是综合完善。综合完善的原则鼓励参与者积极进行智力互补，可以在他人的设想基础之上加以完善和改进。头脑风暴的目的就是集结团体智慧的力量来产生更好的设想。

图 3-14 所示是对于某一产品，使用类似"主题＋对象＋动词"的方式来发现创意的一个不错的头脑风暴案例。首先找 3 种不同颜色的便利贴，还有记号笔。所有的记号笔最好都是同样的笔画宽度，并且是同一种颜色（比如黑色）。在第一种颜色的便利贴上写"主题"的词，在第二种上写"对象"的词，并在最后一种上写"动词"。将这 3 张写好的便利贴贴在一面很大的墙上。现在设定产品与"用餐"有关。让所有的参与者写下与"用餐"有关的一个主题、一个动词和一个对象。每一类词语写一个，分开写在相对应颜色的便利贴上，然后贴在你最初写的首个便利贴下边。每个人在写的过程中都会给别人以启发，自己的点子也可能是已有点子的一个联想。就这样，很快这些和用餐有关的一堆主题词、动词和对象词会贴满一整面墙。如随机从三类中各选一词进行组合，你或许能收到意想不到的创意。

图 3-14　头脑风暴的发展

以下为随机进行组合得出的结果。

素食主义的女友＋大喊大叫＋双层芝士汉堡。

孩子们＋玩耍＋食物。

厨师＋烹调＋番茄。

祖母＋核对＋账单。

Lady Gaga+ 会面＋用餐。

2. 视觉风暴法

在头脑风暴的过程中，可以通过使用各种简略的草图来表现或是阐释想法和概念，这种方法就叫做视觉风暴。视觉风暴是通过简略的图标式草图来记录和交流想法的一种方式，如图 3-15 和图 3-16 所示。

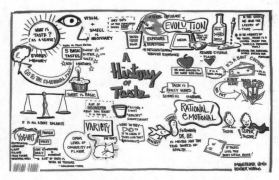

图 3-15　关于味道历史主题的视觉风暴图

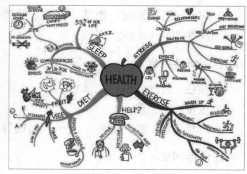

图 3-16　与健康有关案例的视觉风暴图

将头脑风暴与视觉风暴结合起来使用会起到事半功倍的效果。在设计深化的过程中，早期的概念发散往往起着指挥官的作用。而视觉风暴中，那些迸发灵感的简略草图是概念深入的强大动力。在前期构思阶段，不必要纠结于概念的细节和草图是否太过粗糙，这样反而会阻碍思维的进程和思维发散的效果，让好的创意得以溜走。太过严谨的草图可能会较低头脑风暴的效率，以及不利于想象力的发挥。

3.3.3　基于开阔、发散思维的创新方法

定点法是一种要把要解决的问题的某个方面突出强调出来，具有针对性地去进行创造性活动的方法。定点法是一种用于开阔思维、发散思维的创新方法，主要包括特性列举法、缺点列举法、希望点列举法和检核表法等。

1. 特性列举法

特性列举法或称属性列举法，它是 20 世纪 30 年代初由美国内布拉斯加大学教授 R·克劳福特创立的一类创新方法。它是一种化整为零的创意方法，通过将目标对象的特性分解，经过详细分析从而找到解决问题的途径的方法。通常分解得越细致，着手解决得问题越小，越容易成功。特性例举法可以分成很多种，主要包括名词特性、形容词特性、动词特性以及类比方式。

名词特性。名称可以是整体的，也可以是作为部分的一些结构的名称。还可以是制造时所用材料的名称以及其制造方法等。

形容词特性。一般是用来描述事物性质的形容词。如一件物品形态、颜色、材质等。

动词特性。主要是用来描述功能和作用的动词。如该物品是用来做什么的，操作程序都包括哪些等。

类比方式。类比可分为很多种，如直接类比、亲身类比、对称类比、幻想类比、因果类比等。不同类比方式得出的结果也是不一样的。

例如，要改革可以烧水的水壶，把其按名词、形容词、动词特性进行列举。

名词特性列举

整体：水壶。

部分：壶嘴、壶盖、壶身、壶底、气孔。

材料：铝、铁皮、钢精、铜皮、搪瓷等。

制造方法：冲压、焊接。

形容词特性列举

颜色：黄色、白色、灰色。

重量：轻、重。

形状：方、圆、椭圆、大小、高低等。

动词特性列举

装水、烧水、倒水、保温等。

将这些特性分别进行研究，只要革新其中一个或几个部分，就可以使水壶整体性能得到改变。

2. 缺点列举法

缺点列举法是由美国通用电气公司提出的。就是要用批判的眼光，抱着怀疑的态度去重新审视现有产品所存在的缺点，可以从产品的特性、结构、功能及使用方式等方面入手，从中找出缺点并寻求解决问题的方法。缺点列举法的适用范围很广，因为任何事物都不是十全十美的，都或多或少存在缺点。当这个缺点解决之后，可能会出现新的缺点，因此缺点列举法可能要始终贯穿到整个构思与设计之中。

比如对长柄弯把雨伞的缺点进行列举：

伞过长，不便于携带；

弯把手不安全，在拥挤的地方可能会钩到别人的口袋；

伞尖容易伤人；

伞的收与合不够便捷；

下雨天匆忙行走，伞面遮挡视线，容易发生事故；

伞用过后，进入室内，但伞面过湿，不方便放置；

大风天气，撑伞困难，伞面容易翻折；

两个人撑伞时，常常会淋到雨；

骑自行车同时打伞，不安全；

当手里拿有很多东西时，打伞不方便等。

3. 希望点列举法

希望点列举法是由克劳福特发明的一种创新方法。是指从人们的意愿和希望出发的，通过列举希望新的事物可能具有的属性来寻找新的发明目标的一种更为积极和主动的创新方法。通过希望点列举法可激发并收集人们的希望，经仔细研究人们的希望，并形成"希望点"；然后以"希望点"为依据，以期创造出符合"希望点"的产品。

希望是由人们想象得出的。思维的主动性强、自由度大，因此希望点列举法对参与者的创造性思维挖掘得更加深刻。运用希望点列举法时需要打破常规思维，获得更多的想法，但最终要回归到设计的可存在性上。当由希望点产生的创造目标与人们的需要相符，会更能够适应市场。对于希望点列举法得到的不切实际的想法和方案，应当进行合理的评价，适当取舍。不可否认的是有些新奇的设想，即使当时的可存在性欠佳，但是仍可能会为我们提供努力的方向，这也是希望点列举法获取的宝贵信息。

4. 检核表法

检核表法是一种理性化的问题解决方法。是用一张一览表对需要解决的问题进行逐条校核，以探求自己所需问题的解决方案。这种思考模式能够从不同角度激发创造性的设想，有利于突破参与者的心理障碍，使思考问题的角度更加具体和明确。

检核表法是在 1945 年被美国 G·波拉提出。如今检核表法已经出现多种版本，其中最著名的是奥斯本检核表，如表 3-1 所示。

表 3-1　美国亚历克斯·奥斯本的检核表

能否他用	1	有无新的用途？	2	是否有新的使用方法？
	3	可否改变现在的使用方法？		
能否借用	4	有无类似的东西？	5	利用类比能否产生新观念？
	6	过去有无类似的问题？	7	可否摹仿？
	8	能否超过？		
能否放大	9	可否增加些什么？	10	可否附加些什么？
	11	可否增加使用时间？	12	可否增加频率？
	13	可否增加尺寸？	14	可否增加强度？
	15	可否提高性能？	16	可否增加新成分？
	17	可否加倍？	18	可否扩大若干倍？
	19	可否方法？	20	可否夸大？
能否缩小	21	可否减少些什么？	22	可否密集？
	23	可否压缩？	24	可否浓缩？
	25	可否聚合？	26	可否微型化？
	27	可否缩短？	28	可否变窄？
	29	可否去掉？	30	可否分割？
	31	可否减轻？	32	可否变成流线型？
能否变化	33	能否改变功能？	34	可否改变颜色？
	35	可否改变形状？	36	可否改变运动？
	37	可否改变气味？	38	可否改变音响？
	39	可否改变外形？	40	是否还有其他改变的可能性？
能否代用	41	可否代替？	42	用什么代替？
	43	还有什么别的排列？	44	还有什么别的成分？
	45	还有什么别的材料？	46	还有什么别的过程？
	47	还有什么别的能源？	48	还有什么别的颜色？
	49	还有什么别的音响？	50	还有什么别的照明？

续表

能否调整	51	可否变换?	52	有无可互换的成分?
	53	可否变换模式?	54	可否变换布置顺序?
	55	可否变换操作工序?	56	可否变换因果关系?
	57	可否变换速度或频率?	58	可否变换工作规范?
能否颠倒	59	可否颠倒?	60	可否颠倒正负?
	61	可否颠倒正反?	62	可否头尾颠倒?
	63	可否上下颠倒?	64	可否颠倒位置?
	65	可否颠倒作用?		
能否组合	66	可否重新组合?	67	可否尝试混合?
	68	可否尝试合成?	69	可否尝试配合?
	70	可否尝试协调?	71	可否尝试配套?
	72	可否把物体组合?	73	可否把目的组合?
	74	可否把特性组合?	75	可否把观念组合?

奥斯本的检核表中共包括75个激励思维活动的问题。根据内容的相似性可以归纳为9组,分别为:

（1）有无其他用途。

（2）能否借助其他领域模型的启发。

（3）能够扩大、附加或增加。

（4）能否缩小、去掉或减少。

（5）能否改变。

（6）能够替代。

（7）能否调整。

（8）能否颠倒。

（9）能否重组。

奥斯本检核表是经过总结大量近现代科学发现、发明和创造事例以及凭借奥斯本的经验编制的,具有广泛的使用价值。

在使用奥斯本检核表法时,要首先根据选定对象明确需要解决的问题;再根据解决的问题,参照列表中列出的问题,进行思维发散,强制性地一一核对和讨论,并写出创新设想;最后对创新设想进行筛选,将有价值和创新性的设想筛选出来。

表3–2所示是利用检核表对手电筒进行创新设计研究。

表3–2 利用检核表进行的手电筒创新设计研究

序号	检核项目	创新思路
1	能否改变	改一改:改灯罩、改小电珠和用彩色电珠等
2	能否增加	延长使用寿命:使用节电、降压开关
3	能否减少	缩小体积:1号电池→2号电池→5号电池→7号电池→8号电池→钮扣电池
4	能否替代	代用:用发光二极管代小电珠
5	能否他用	其他用途:信号灯、装饰灯
6	能否借用	增加功能:加大反光罩,增加灯泡亮度

序号	检核项目	创新思路
7	能否颠倒	反过来想：不用干电池的手电筒、用磁电机发电
8	能否组合	与其他组合：带手电收音机、带手电的钟等
9	能否变换	换型号：两节电池直排、横排、改变式样

3.3.4　基于借鉴其他成果的创新方法

1. 移植法

移植法类似于模仿法，但又不是简单的模仿。移植法是将某个学科、领域成功的科学原理、技术、方法等，应用或渗透到其他学科、领域中，从而为解决某一问题提供启迪和帮助的创新思维方法。

移植法的精髓在于综合各学科的成果择优为设计服务。材料移植是将一种材料转用到新的载体上，以产生新的成果。结构移植是将一种事物的结构形式或结构特征，部分地或整体地运用于另一种产品的设计上。功能移植是将一个事物的某项功能赋予到另一事物上从而寻求解决问题的方案。原理移植是把某一学科、领域的科学原理应用于其他学科、领域中。技术移植是把某一学科、领域中的技术运用于解决其他学科、领域中的问题。方法移植是把某一学科、领域中的方法应用于解决其他学科、领域中的问题。

得益于丰富的人类文明成果，移植法拥有足够多的素材，这决定了移植法的多样性。上面提到的只是很微小的一部分。在实际的设计中，不会局限于一种移植法，由于问题的复杂性需要综合运用各种移植法。综合移植是将多个移植方法多层次地应用于一个物体上。综合移植并不是简单的叠加，而是需要精心策划、综合协调。机器人就是综合移植的成果。

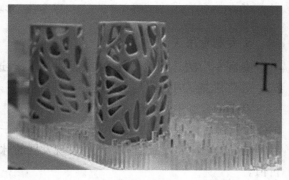

图 3-17　2011 法兰瓷陶瓷设计大赛作品
（移植家具设计）

移植法能够分解复杂的问题，进而各个击破，使复杂的问题变得简单。而且跨学科的运用往往能够给设计带来意想不到的惊喜。图 3-17 是移植设计的一个案例。

2. 组合法

组合法是将两种或两种以上原理、技术、概念、方法、产品的一部分或全部适当地叠加和组合，以形成新原理、新技术、新概念、新方法、新产品的创新方法。正如自然界中碳原子以不同方式可以组成金刚石和石墨一样，产品经过不同形式的组合，也可以形成不同的产品。当今社会技术日趋成熟，组合法在产品创新设计中起着重要的作用。用组合法进行设计能够缩短开发时间、节约开发成本和降低开发风险。对于中小型企业来说至关重要。对于设计师说，组合法能够提供丰富的设计素材，激发其设计灵感。

图 3-18 所示是来自巴黎的设计师 Antoine Lesur 为 Oxyo 公司设计的多功能组合家具——

Mister T，体积虽小，却融合了矮桌、托盘、凳子、脚凳、座垫、靠垫等众多功能。不但形式上实现整体统一，而且在功能上实现了组合。

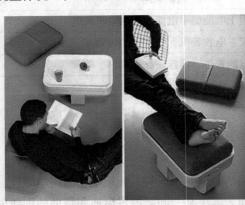

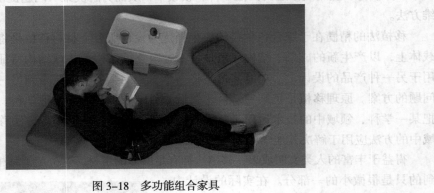

图 3-18　多功能组合家具

3. 专利专用法

专利专用法是利用已有的专利对其进行改进，以产生新的设计方案甚至取得新的专利的方法。对专利文献的利用是创新的一大捷径。

众多的专利中必然蕴含了许多成功的因素，要学会从专利中寻找规律，专利是进行创新设想的一个资源。许多产品所包含的专利技术不止一个，因此同时对多个专利加以分析和利用，总结专利结合的规律和发展趋势，从中发现发展的脉络和规律，必定会为之后的创新提供重要的参考价值。

3.3.5　其他创新方法概要

1. 情景描述法

又称为"脚本法"，原来主要用于政治、军事研究方面的系统分析，如今也被用于对经济、科技的预测。情景描述法是从现在的状况出发，把将来发展的可能性用电影脚本的形式进行综合描述的一种方法。

2. 焦点法

是把要解决的对象作为焦点，把 3 ~ 4 个偶然对象的特征与焦点对象的特征进行强制组合的方法。通过特征组合引发新的设想，从而找到解决问题的办法。

3. 功能延伸法

产品是以不止一种使用方式被使用着，产品的功能已超越了其本身的功能。比如说，灯柱除了支撑路灯的作用之外还有固定旗帜、张贴广告或海报、停靠自行车等功能，而这些功能并不是设计师的最初意图。可见，设计师应该细心观察生活，留心功能延伸。某种程度上，功能延伸属于一种发散思维。

 思考题

挑选任意一件生活中常见的物品进行设计。

作业要求

1. 以小组为单位，每组 4 个人。
2. 充分利用本章提供的产品创新设计方法（至少 5 种）。

作业内容

1. 发挥想象，考虑它是否有着不同的使用方式，是否可以改装成另外一个特殊的产品，进行有效的思维发散。
2. 针对所选的每种产品创新设计方法对所选物品进行深入分析与设计，并提交结果（形式不限）。

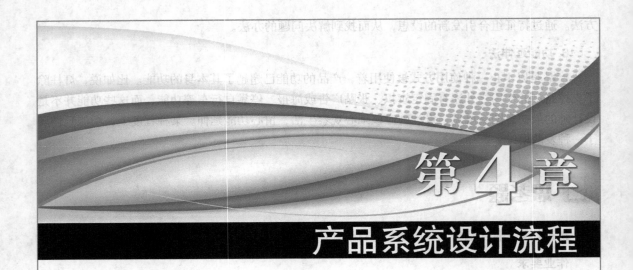

第4章

产品系统设计流程

 本章要点

　　本章将在前文基础上对产品系统设计流程的前期准备、产品企划和概念确定、造型设计、设计定案、设计与生产转化、设计市场化、产品（设计）信息反馈这七个阶段进行系统化的讲解，以产品生命周期理论为切入点说明产品进入市场这一阶段的内容，强调产品的"软"价值以及产品在各个周期中的营销策略。通过结合实际案例来使得读者能够更加深入、具体地了解产品系统设计流程的各个阶段，最终有效地指导读者进行更加完善的产品系统设计。

学习目的与要求

　　通过对产品系统设计流程的系统化学习，明确各个流程中相应的内容与特点，学会将不同的设计方法运用于不同的设计阶段中，从而有效地实现有目的的产品设计计划。

4.1　前期准备

在进入设计流程前，要进行必要的前期准备，主要是产品立项和产品开发两个方面的内容。

产品立项与企业的经营方针息息相关。例如，"简约、细节、关注环境"是苹果公司的经营设计理念，所以在进行产品设计时，都以遵循这样的理念为前提进行新产品的立项，无论是笔记本还是手机的设计都有很强的统一性。如图 4-1 和图 4-2 所示为 Mac Book Air 和 iPhone5s，它们都展现了简约、鲜薄、轻巧的设计风格，同时注重细节的表现，这与苹果公司的经营设计理念是一致的。

图 4-1　Mac Book Air

图 4-2　iPhone5s

产品开发同样是一个系统化的过程，由不同专业及领域的成员组成、参与而建立有效的开发体制能够保证产品开发的顺利进行，同时也是项目成功的关键。体制的意义在于使得各部门和成员等系统要素能够平衡、协调地形成一个既能独立发挥作用，又能让各要素之间相互联系和促进的体系。而体制的实质就是各成员的构成与分工合作，同时寻求企业内部和外部专家之间的协同合作并确定设计项目的进展日程和交流形式等。

制定设计开发计划书和项目设计开发流程图是设计前期准备过程中需要做的。一般产品系统设计流程如图 4-3 所示。

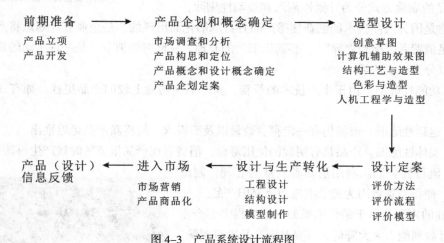

图 4-3　产品系统设计流程图

4.2　产品企划和概念确定

4.2.1　产品企划的定义

产品企划是基于企业经营方针的市场开发活动。目的是使自己的产品及其构成要素能够顺应市场需求的趋势，从而获得经济效益以及提升企业的综合实力。它是整个设计流程的重要阶段，对设计的最终结果有着重大的影响，同时，产品企划和市场调查有着密不可分的联系，两者相互重叠，对挖掘潜在的市场机遇具有指导意义。

4.2.2 产品企划的内容

产品企划并不仅仅是新产品的开发，它是对产品从产生到报废全过程的处理及策划，同时又包括了核心产品的企划、形式产品的策划和延伸产品的策划。从产品企划的类型上，可以将产品企划分为旧产品的改良、剔除旧产品、产品新用途的创新、新产品的开发。

1. 旧产品的改良

旧产品的改良主要包括产品功能的改变、产品品质的改变、产品式样的改变以及社会生态学的改变。如图4-4所示的插座设计，是对传统插座设计的改良，设计师将插座的插孔设计成环形结构，这样有利于使用者在任何角度将插头轻松插入，简单实用，从而有效地解决了因为家装效果的需要将插座安装在较为隐蔽的地方而给使用者带来使用不便的问题。

图4-4　DONUT 插座设计　韩国 Suhyun Yoo, Eunah Kim & Jinwoo Chae

2. 旧产品的剔除

旧产品的剔除方式分为计划性剔除和被动性剔除，计划性剔除是因为产品技术的创新使得产品日益陈旧化而出现的，是企业有计划地将产品推陈出新，以满足消费者"标新立异""喜新厌旧"的心理，从而刺激消费，是一种主动的剔除方式。该方式可以分为以下四类。

（1）功能性陈旧。由于生产技术的革新，新产品在功能上较旧产品更佳。如有线电视取代无线电视。

（2）迟延性陈旧。市场仍有一定存货数量以及旧需求，故将新产品延迟推出。

（3）实体性陈旧。产品具有明确的使用寿命，消费者在产品报废的时候产生再购买行为。

（4）流行性陈旧。利用消费者从众的心理，制造流行趋势，使得消费者因为追求潮流而抛弃旧产品。

被动性的剔除是由于销售不畅的旧产品损害了企业形象，而且盈利能力大大降低，需要对旧产品进行剔除。

3. 产品新用途的创新

产品新用途的创新包括对旧产品新用途的开拓、增加使用者、激励消费者多用。如图4-5所示为由日本版和实业公司发布的一款节能静音电风扇，不仅具有很强的节能性和静音性，还附送香薰装置，消费者将香薰油滴入香薰装置内，再将香薰装置安放在电风扇上，可以在吹风的同时使房间充满香气，让电风扇这一常规的产

图4-5　节能静音香薰电风扇　日本

品有了新用途。

4. 新产品的开发

新产品的开发是产品的完全创新，一般成本较高，会加大企业的风险，但是一个成功的新产品开发会大大提升企业的市场竞争力，为企业带来巨大的经济利益和社会效益。例如，索尼 1979 年发布的随身听 TPS–L2，如图 4–6 所示，就是一个成功的新产品开发案例，公司将可移动性概念与声音设备相结合，开创了一个"单放机"的类别，并为索尼带来巨额的利润。

图 4–6　SONY TPS–L2 随身听　日本

4.2.3　市场调查和分析

市场调查和产品企划不存在前后关系，两者可以同时进行，在进入市场调查的同时，产品企划也要进入状态。而在市场调查这一阶段需要完成以下目标探索产品化的可能性；通过对调研结果的分析发现潜在需求；形成具体的产品面貌；发现开发中的实际问题点；把握相关产品的市场倾向；寻求与同类产品的差异点，以树立本企业特有的产品形象；寻求商品化的方向和途径。

市场调查的内容主要包括以下几个方面。

（1）调查宏观市场环境。包括政治、法律、经济、人口、社会文化和技术环境等方面内容。

（2）调查市场需求。内容包括市场商品需求量、需求结构和需求时间。

（3）调查消费者。通过对消费者的人口构成、家庭、职业与教育、收入、购买心理、尤其是购买行为等方面进行调查，从而准确把握消费者的需求情况。

（4）调查企业自身经营的全过程。包括产品调查、销售渠道调查、促销调查、销售服务调查四个方面的内容。

（5）调查竞争对手。主要是要了解竞争对手的数量，主要的竞争对手，是否具有潜在的竞争对手；竞争对手的经营规模、人员组成及营销组织机构情况；竞争对手经营商品的品种、数量、价格、费用水平和营利能力；竞争对手的供货渠道情况和对销售渠道的控制程度；竞争对手所采用的促销方式；竞争对手的价格政策；竞争对手的名称、生产能力、产品的市场占有率、销售量及销售地区。

市场调查的方式根据市场调查内容的范围，市场商品消费的目的，市场调查信息目的，市场调查的时间层次，市场调查的空间层次，市场调查的商品层次，市场调查的信息来源几个方面确定。最终通过市场调查及分析最终完成探测消费倾向、探测产品需求、探测市场倾向、集体创造性思考这四个任务。

为了便于更深入、具体地了解这四个任务的重要性，下面以海尔中央空调操控面板交互设计为案例进行说明。

1. 探测消费倾向

对现时消费环境中用户消费倾向的分析是把握所要设计产品的背景情况的要求，图 4–7 所示为消费倾向分析的图例。图中归纳了消费者的品牌趋向、个性化趋向、自然趋向、休闲趋向、娱乐趋向以及健康趋向以及与之相对应的产品情况，这些趋向都是设计企划的要点。通过对各种消费趋向进行探测，准确把握产品商品化的要素。这次海尔中央空调操控面板交互设计的定位人群大多经济文化水平较高，对生活品质有着较高的要求，是现代消费趋势下的产物，通过定性的分析，可以确定该设计的趋向是简约、大方、有趣。

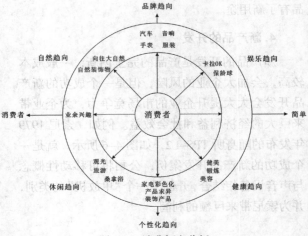

图 4-7 消费倾向分析

2. 探测产品需求

通过消费倾向分析，明确产品方向，进行产品形象的定位，探测产品需求，而这需要根据所开发产品的特性和开发目标来进行调查内容的设计。一个有效的方法就是设计调查人员先就消费者对产品形象的期待列出关键词，让被调查者作选择，这样得到的调查结果更为快速、直观。例如在进行海尔中央空调操控面板交互设计调研时，根据消费者倾向，给被调查者设定了极简、轻薄、时尚、有趣、互动、清新、柔和等关键词，便于设计人员更准确地探测到消费者的产品需求。

3. 探测市场倾向

这一阶段是为了正确把握产品的市场特性，掌握市场倾向。在这个过程中，通过对同类产品的调研，做竞品分析来更全面地分析市场。例如在进行海尔中央空调操控面板交互设计调研时，将三菱、格力、约克这三个品牌的中央空调操控面板的功能设计以及交互方式进行了调研，通过比较分析发现在功能方面存在过于复杂的现象，在交互方式上几乎都没有交互行为，操作较为机械，没有趣味性，信息反馈不明显。这些调研分析结果都有助于有效地分析市场，探测市场倾向。

4. 集体创造性思考

在一系列市场调研的基础上，集体成员分别提出可以描述产品的关键词，逐步形成产品概念框架，用于企划和设计。之后大家就产品概念提出各自方案，用于后期进一步研讨和筛选。在大家提出方案的过程中，不要轻易做出优劣评价，为集体创造相对轻松、自由的思考环境，同时提倡借鉴、完善他人的方案。例如在海尔中央空调操控面板交互设计的概念发散阶段，小组成员定期进行头脑风暴，互相讨论，互相激发，使提案数量和质量得到保证。

4.2.4　产品构思和定位

经过市场调查和市场分析，明确了市场需求和产品的设计方向之后，可以开始进行产品的构思。在产品构思阶段，可采用集体讨论、头脑风暴的方式，大量提出各种设计构思，根据之前市场调查的结果对其中有深入价值的想法进行进一步讨论判断，从而筛选出最适合的构想。随着构思范围的缩小，产品的定位也趋于清晰，而集体性思考和对市场领域的准确判断是实现产品准确定位的关键因素。

产品定位是指企业为建立一种符合消费者心目中特定地位的产品所进行的产品企划和营销组合活动。产品定位的目的就在于根据竞争对手所处的市场地位并结合自身的优、劣势确定产品进入目标市场的位置，从而将产品优势转化为市场优势。

1. 产品定位的原则

（1）创新原则。针对消费者标新立异的心理，在进行产品定位时应该突出"新产品"、"新技术""新服务"等，从而赢得消费者并使产品在市场上畅销。

（2）特色原则。这一原则是产品定位的关键。在产品日益趋同的今天，要想在竞争中脱颖而出，必须要有自己的特色，突出产品的个性，只有这样，才能在市场竞争中处于主导地位，把握主动权。

（3）主导原则。只有使产品在消费者心中处于主导地位，才能使企业有机会成为行业的主导者，所以在产品定位时要想方设法争夺第一。

（4）补缺原则。对于市场空隙要有敏锐的嗅觉，及时填补这些空缺，挤占市场。只有这样，才能使企业在市场竞争中长期处于不败之地。

2. 产品定位的方法

（1）产品差异定位法。区别于同类产品，在产品本身及服务上都要涉及。

（2）主要属性（利益）定位法。从产品的利益出发，用敏锐的目光关注市场，并注重塑造良好的企业形象。

（3）产品使用者定位法。寻求明确的目标用户，为产品和服务塑造特定的形象，从而使得定位更加突出。

（4）使用定位法。根据消费者的使用习惯进行产品的定位。

（5）分类定位法。利于与同类产品进行竞争的定位方法。

总而言之，产品的构思与准确定位有利于对市场做出正确判断，与市场调查分析相结合效果会更加明显。

4.2.5　产品概念、产品企划和设计概念

产品概念是对新产品的用途、性能、功能、形状等要素做出的具体的想法或看法。产品概念从本质上说就是产品满足消费者的需求点，也是企业需要的利益点。产品概念是产品的亮点，需要明确化，它赋予产品以特性。如图 4-8 所示的概念洗衣机设计，它在造型、功能上都是对传统洗衣机的颠覆，紫外线消毒、衣物熨烫一体化，概念性十足。

产品概念的确立，是使产品接近现实过程的重要环节。在产品概念确立的过程中，要时刻注意与实现技术的关系，要对技术有一定的预见性，不能盲目空想，要尽量提高概念的可

图 4-8　SOLO 壁挂式多功能洗衣机 韩国 Chanhee Han

行性，遇到问题时要及时与技术人员沟通解决。

产品企划是指为使产品接近现实而提出构想，并且付诸实施的过程。是对新产品的用途、性能、功能、形状等未知情况，以及生产方式、产量、流通途径、商品化等未知的条件作出决定。

设计概念是在产品概念和产品企划有了具体方案的基础上提出的针对造型设计的想法。所谓设计概念就是基于特定产品的使用对象或特定意义，将产品的使用方法、产品结构、产品造型、色彩方案等构想具体化。设计概念的提出要参考市场调查的分析结果和产品概念提出的过程。

4.2.6　产品企划定案

在产品概念和设计概念确定之后，就要进入具体的产品化阶段，要形成具体的产品形式。根据前面提到的产品用途、性能、功能、形状等条件逐一实现。在产品化过程中，依据5W2H来设定具体条件会大大提高效率。即：What—是什么？目的是什么？做什么工作？How——怎么做？如何提高效率？如何实施？方法怎样？Why——为什么？为什么要这么做？理由何在？原因是什么？造成这样的结果为什么？When——何时？什么时间完成？什么时机最适宜？Where——何处？在哪里做？从哪里入手？Who——谁？由谁来承担？谁来完成？谁负责？How Much——多少？做到什么程度？数量如何？质量水平如何？费用产出如何？根据5W2H可以较为准确地锁定具体的产品形象。

经过市场调查，产品概念、设计概念和产品形式都确定之后，产品化的趋势更加明确，便将进入由设计向生产转化阶段。这时需要将相关资料整理成企划书，并且要经过各个部门的同意，最终还需交至各部门接受评价。

产品企划书的内容包括：产品创意、可行性分析、产品开发设计、产品营销设计、产品利益目标，具体内容如图4-9所示。

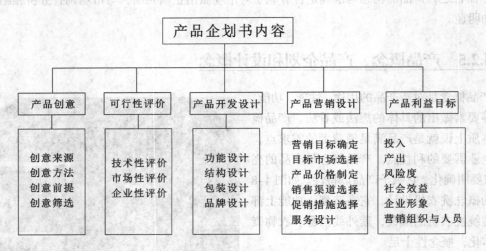

图4-9　产品企划书的内容

最终产品企划要接受从市场、技术、生产、流通四个方面的评价。至此，产品系统设计的流程已经完成了前期部分，为接下来产品化的实现、设计向生产的转化以及产品市场化等阶段打下基础。

4.3 造型设计

在前期调研与概念确定的基础上，需要完成具体的产品造型设计部分。这个阶段的主要任务就是通过草图绘制获得产品造型的构思，再通过计算机辅助效果图完成概念模型的构想，以逐步将产品形象具体化。另外在产品造型设计阶段，不是单纯、孤立地对产品外观进行设计，同时要对产品结构工艺、色彩选择、人机工程学进行设计研究，这些都是产品造型设计的重要影响因素。

4.3.1 设计效果图

1. 创意草图

在不同阶段为表达不同用意，草图可分为概念草图、沟通草图、和详细草图三种形式。

（1）概念草图。概念草图主要用于设计初期随时记录设计者灵感。这一阶段的设计草图主要是帮助设计者及时将尚未清晰的设计灵感记录下来，为进一步的设计做准备，只需要设计者了解其中的含义，因此草图形式不受限制。

（2）沟通草图。沟通草图的作用就是设计者通过对其设计思路进行修改、展开和深入来向其他参与者传达自己的设计信息，达到与其他参与者共同协商的目的。沟通草图的绘制构思过程通常分为横向构思和纵向构思，横向构思的过程主要是针对同一类产品绘制不同设计方案，丰富设计内容，拓展设计思维。纵向构思的过程是对一个方案的深入细化，强调细节设计，使得该设计方案更加完善、饱满。设计者通常会先进行横向构思，再进行纵向构思，但也并不固定，有时也可两者同时进行，相互促进。此外，沟通草图一般要求表现出设计产品的整体形态、局部特征、使用环境、使用方法等方面。

（3）详细草图。详细草图是对已采纳的设计方案细节的进一步深入细化。在这一阶段，需要设计者清楚地表现出产品的主要结构、材质、色彩、纹理等，并配以注释以便清楚地表达设计方案的最终效果。三视图是表现产品方案不同视角的形态及尺寸比例必不可少的方式，同时包括剖视图在必要时交代设计方案的内部结构。

2. 计算机辅助效果图

计算机辅助效果图是运用计算机、软件等高科技电子技术，将手绘效果图以二维或三维模拟的形式表现出来。相对于手绘效果图从质感、色彩、使用环境方面都更加逼真，能更真实地表现产品。一般使用的二维效果图软件有 Photoshop、CorelDraw、Illustrator、Freehand 等，并通过阴影转折来模拟三维效果。而用于制作三维效果图的软件有 3DSMAX、Rhino、Cinema4d 等，根据设计方案建立三维模型，然后通过渲染表现设计方案的真实效果。

4.3.2 产品造型设计的影响因素

1. 结构工艺与造型

结构工艺是产品造型设计的重要影响因素，其合理性和可实现性都会影响到产品造型和外观，最终影响产品的实现和生产。在进行产品造型设计时要考虑产品外观设计和产品内部结构的关系，考虑后期生产制造的可实现性。在进行结构工艺设计时首先要保证能够将功能模块有效地置入产品外观实体之中，如通过在结构件中增加定位机构、固定机构等，将功能模块（例如手机的主板）固定在结构件中。其次要考虑产品的测试标准是否满足国家标准、行业标准、企业标准。最后要考虑产品的可用性设计，例如在设计手机按键时，要注意符合用户的操作习惯。

2. 色彩与造型

色彩可以改变产品造型的感觉以及形成不同的心理感受，并且在产品造型设计中起到保护材料和装饰的作用。此外，色彩的选择对产品的美观性也会产生很大的影响，它可以美化产品，但是在确定色彩方案时要根据前期的产品概念和设计概念来确定。

在产品造型设计中可以遵循的色彩选择原则有以下几点。

（1）满足产品功能的需求。例如消防栓的设计，选用红色作为主色调，很容易就能引起人的注意。

（2）与人机工程学相联系。色彩设计的合理性有助于使用户在使用产品时保持心情愉快、有安全感。例如，医疗设备的颜色主要是白色和蓝色，这些冷色调有利于病人保持平静的心态。

（3）与产品使用环境相协调。在进行产品系统设计时，应满足产品使用环境的要求，而非单独对产品进行设计。

（4）符合大众的时代审美要求。色彩选择要时刻关注时代趋势，随着时代的变化而变化，以符合大众的审美要求。

（5）色彩的选择要考虑色彩工艺的加工成本。从制造商角度出发，节约制作成本是十分必要的，因此需要尽可能使用一种或两种色彩来完成产品的设计。

总而言之，合理地进行产品色彩搭配，有利于产品更好地满足大众的心理需求和获得消费者的喜爱，并且也有利于降低产品设计研发的成本，最终有效提高产品竞争力。

3. 人机工程学与造型

除了结构工艺和色彩之外，人机工程学也是在造型设计中需要考虑的重要因素，人机工程学与造型两者是相互结合的。产品的造型设计要符合人的认知心理。设计是为人而设计的，体现在以下几个方面。

（1）在设计中应注重研究视觉感受的机理，尊重视觉特征与规律。

（2）进行减轻听觉负担的设计思考。在设计构想中，要有减少噪声，保护人的听觉器官的思考。设计师可以通过优化设计结构，研究和应用新的材料来达到减少噪声的目的，比如用非金属材料替代金属材料，不但能减少震动，而且还能吸收噪声；用柔性制造系统替代传统的刚性系统以消除设备的噪声。

（3）肤觉感受也是造型设计中要予以考虑的。凡是人体接触的机器各部位或操作控制部位，开关结构必须符合人的生理特点。

（4）嗅觉和味觉。设计者还应当注意到嗅觉和味觉对用户心态的影响。

（5）运动、平衡与机体感觉。长时间的周而复始的工作方式，可能会使机体的平衡感觉受到损伤。比如因操作导致颈椎病变，不能控制步行，丧失了平衡感等。这就需要通过合理的设计最大限度地减轻设备对操作者的运动、平衡与机体感觉带来的损害。

总之，进行造型设计时，需要设计师将现代技术与美学原理相结合，综合考虑结构工艺、色彩等因素，结合运用现代美学、人机工程学等学科，坚持以人为本的理念，为用户提出最佳的可以解决问题的方案。

4.4　设计定案

4.4.1　评价方法

设计定案是设计方案最终成形的阶段。设计师给出最终产品效果图，而这一结果需要给企划等其他部门进行评价，来判断设计是否符合最初的企划要求以及是否与最初的设计概念相一致。

进行产品评价时要根据不同的评价目的和评价内容选择适当的评价方法，主要有以下几种方法。

（1）经验性评价方法。在方案不多，问题不太复杂的情况下，评价者根据经验做出评价的方法。比如淘汰法等。

（2）数学分析类评价方法。运用数学工具进行分析评价，通过定量分析的方式达到评价目的。如评分法、模糊评价法等。

（3）试验评价方法。通过模拟试验对设计方案进行更加准确的评价。如通过眼动仪试验的分析记录来判断设计所有引起消费者注意的特定区域是否明确。

（4）面向应用领域的设计评价方法。是指一种面向某些后续应用的设计方法，属于设计方法学的范畴，主要是对设计方案作出可行性分析。

4.4.2　评价流程及评价模型

在设计定案时，要对产品开发的各个阶段作出评价，包括设计的定性阶段、定型阶段以及完善阶段。图 4-10 所示为评价流程的框架图，而图 4-11 所示是根据评价流程中的每个评价点做出进一步的延伸，总结得出的一个评价内容的模型，以供评价时导入使用，分析判断设计方案在各个阶段是否能满足相应评价点的要求。

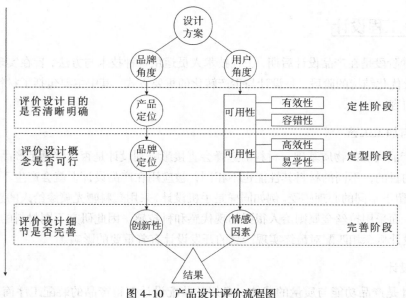

图 4-10　产品设计评价流程图

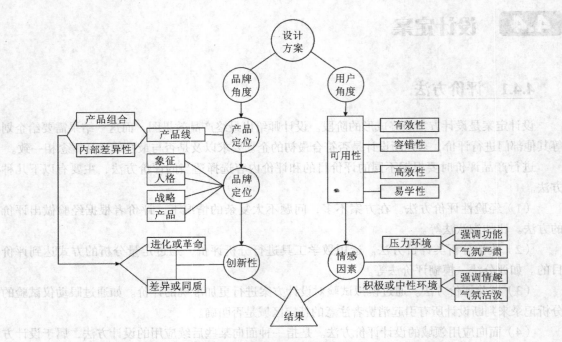

图4-11　产品设计评价内容模型

4.5　设计与生产转化

由设计向生产转化阶段的重要工作就是根据已定案的造型进行工艺上的设计和原型制作，也就是要为产品的造型寻求合适的制造工艺和表面处理方法，把制造方法、组装方法、表面处理等问题作为生产技术、成本方面的问题进行充分的研究，需变更的地方要加以明确。在这一过程中主要包括了工程设计、结构设计、模型制作三个阶段。

4.5.1　工程设计

工程设计阶段是在产品设计后期，工程技术人员运用各种技术与方法，旨在实现设计师创意、实现功能以及优化结构的阶段，是设计与生产转化的重要方式，其中主要包括了材料与加工工艺、装配设计等内容。

1. 材料与加工工艺

材料是产品实现的物质基础，材料的选择会直接影响到设计是否能够满足产品的功能以及能否达到设计的目的，不同的材料其性能也不相同，被应用在产品设计上就会产生不同的形态和肌理，从而给人留下不同的心理感受。例如同样是手机设计，采用塑料哑光喷漆给人的感觉就是柔和、稳重的感受，而采用拉丝金属则给人很强的现代感和科技感。因此研究不同材料的特性及加工工艺并使之与设计概念相匹配对最终实现产品的开发设计有着重要的影响。

2. 装配设计

装配设计是产品功能与质量的载体，良好的装配设计使得产品的装配工序简单、装配效率高、装配质量高、装配的不良率低和装配的成本低，从而缩短产品的装配时间，降低产品的生产成本。

良好的装配设计应遵循必要的几个原则。

（1）尽量采用功能合并的方式减少零件数目。

（2）将符合零件进行模块化处理，使其成为一个装配件。

（3）外观相似的零件要用颜色加以区分。

（4）尽量避免面向密闭的空间进行装配。

（5）新零件装配应该自上而下进行。

4.5.2　结构设计

产品的结构是形态与功能的承担者，产品结构有外部结构和内部结构之分。内部结构是实现产品功能的关键技术，而外部结构是产品形态的重要载体，是产品功能的外在体现。产品的结构设计在产品开发并投入生产过程中发挥着重要作用。

产品的结构设计不是孤立进行的，而是要与产品的功能、材料以及工艺相结合的。因为在构想一系列关联零件来实现各项功能的同时，还需要考虑产品结构紧凑、外形美观、安全耐用、易于制造等因素。下面是几种常用的结构设计方法。

1. 模块化结构设计

模块化结构设计就是对一定范围内的不同功能或相同功能不同性能，不同规格的产品进行功能分析的基础上，划分并设计出一系列功能模块，通过模块的选择和组合可以构成不同的产品，满足不同的需求。减少专用件的数量可以有效降低生产成本，在开发不同功能的产品过程中不必对每个产品进行全新的设计，只要运用模块化设计，对不同模块进行不同形式的组合就可以实现不同产品的功能。

2. 标准化设计

标准化设计要求零部件结构使用标准规范，结构尺寸也要使用标准模数或系列数值。使用标准化设计可以有效地降低设计与生产制造的成本，提高效率与效益。

3. 可拆卸结构设计

进行可拆卸结构设计的目标就是针对产品的回收和再利用以及产品维修来减少对资源的浪费以及废旧产品对环境的污染。这种结构设计方式主要考虑的就是产品可拆卸的程度以及效率，它要求产品的拆卸过程要简单、快捷、省时、省力、废旧零部件易于回收并分类处理以及减少有害和有毒材料的使用。此外在进行可拆卸结构设计时必须要考虑经济因素，它要求产品以最低的拆卸成本获得最大的经济收益，拆卸的回收利用价值要高并且能有效避免拆卸损伤。

4.5.3　模型制作

模型制作就是设计向生产转化的重要方式，这里的模型制作不能简单地理解为工程机械制造中铸造形体的木模。它的功能也不是单纯的外表造型，或模仿照搬别人的产品，更不是一种多余的重复性的工作，而是以创新精神开发新产品，制作出新的完整的立体形象。简单地说是进一步研究完善设计方案，调整修改设计方案，检验设计方案的合理性，为制作产品样机和投入试生产提供充分依据。在产品设计的模型制作过程中，不仅要考虑产品的外部形态，更要注重其形态与功能的协调关系。如在设计具有旋转机构的产品时，首要考虑的是产品的外部形态一定要与其内部结构相适应。这就要求对其主要结构和零部件的一些性能如强度、刚度、疲劳、寿命、振动、噪声等进行理论分析和计算，得出产品结构、性能的相关数据，然后再将其理论分析的结果和尺寸结构应用于产品的模型制作中，在模型制作的过程中验证理论分析的科学性，从而为模型向产品实际生产的转化提供必要的理论依据。

制作产品模型时主干材料是最重要的部分。理想的模型主干材料应该有如下特点：

（1）材料要容易塑型和做表面装饰，工作量要小、耗时要短并且能够长期保存；

（2）虽然模型材料在设计的成本中所占比例不大，但是在材料的选择上还是要尽量便宜；

（3）模型制作的工作量占模型制作成本的主要部分，是材料选择的重要考虑因素；

（4）模型的表面装饰处理性能要好。

所以，在模型的选材上最主要原则是实用和经济。

材料的种类丰富多样，加工工艺也呈现多样化。例如金属材料的锻造、压力加工、切削、冲压工艺；塑料的注塑成型、挤出成型、压制成型、浇注、中空吹塑等。目前为止，比较前沿的工艺有：可使毛坯趋于成品的工艺，如精密铸造、精密锻造、精密冲压、挤压、镦锻、轧制成形和粉末冶金等；零件表面质量的热处理工艺，如真空技术、离子氮化、渗渗工艺等；对于难加工的材料、复杂形面等，可采用电火花、电解、激光、电子束、超声加工等工艺。此外，今年来飞速发展的 3D 打印技术已成为产品模型制作的新方向。

4.6　进入市场

产品开发的生产阶段就是实现产品化的过程，而进入市场，注重市场营销则是实现商品化的过程。市场是商品交换的场所，是商品流通领域反映商品关系的总和。无论什么样的企业，什么样的产品，都是服务于市场、受市场所支配和制约的。企业为自己的产品在目标市场上"定位"，并以此实施适当的营销策略，实现企业自身的价值。从这个意义上看市场营销也是产品开发设计的重要组成部分。从投放市场开始，到最终被淘汰退出市场为止所经历的全部时间和过程称为产品的生命周期。产品的生命周期共分为导入期、成长期、成熟期和衰退期，在不同的生命周期内产品会表现出各自鲜明的特点，因此针对处于不同生命周期中的产品应采取针对性的营销策略以使产品价值最大化。

4.6.1　产品不同生命周期的营销策略

1. 导入期

高价低促销策略，即以高价格、低促销费用来推出新产品。通过两者结合，以求从市场上获取较大利润。并且通过媒体的大量宣传，吸引消费者眼球。实施这种策略的市场条件是：市场容量相对有限；产品确属名优特新，需求的价格弹性较小，需要者愿出高价；潜在竞争的威胁不大等，诺基亚智能手机就是符合了这一市场条件。

2. 成长期

一是提高产品质量，对手机进行进一步改良。二是开拓新市场，开发新的智能手机。三是树立产品形象。四是增强销售渠道功效。五是选择适当时机降低价格。如在节假日降低价格，即可吸引更多消费者，又可打击竞争者。

3. 成熟期

一是产品改革策略。指通过对手机产品的性能、品质、花色等方面的明显改良，以保持老用户，吸引新顾客，从而延长成熟期，甚至打破销售的停滞局面，使销售曲线又重新扬起。二是市场再开发策略。即寻求产品的新用户，或是寻求新的细分市场，使产品进入尚未使用过本产品的市场，例如从城市扩展到农村。三是营销因素重组策略。指综合运用价格、分销、促销等多种营销因素，来刺激消费者购买。如降低诺基亚智能手机价格、开辟多种销售渠道、增加销售网点、加强销售服务、采用新的广告宣传方式、开展有奖销售活动等。

4. 衰退期

产品在衰退期应采取撤退策略。当产品已无利可图时，应当果断及早地停止生产，致力于新产品的开发。否则，不仅会影响企业的利润收入，占用企业有限的资源，更重要的是会影响企业的声誉，在消费者心中留下不良的企业形象，不利于企业今后的产品进入市场。

产品促销的目的是通过开拓流通渠道完成向消费者正确传达产品的概念任务。促销是提升产品价值，构筑产品形象的重要措施，促销的手段多种多样，如通过包装、样本、广告和展示会推出等，都可以达到宣传产品形象的目的。

广告作为市场营销的重要手段，其传播效果与产品的销售效果息息相关，因此，我们要注重广告在营销策略中的应用技巧。而在产品生命周期中的四个阶段，企业面临的竞争特性不同，需要对广告诉求策略进行相应地调整。

（1）产品的导入期的广告诉求主要是告知性，以介绍产品的功能为主。并且一定注意要选择产品的最佳利益点，要考虑消费者的需求心态和消费者对产品利益的接受程度，这需要我们在做广告创意前，对市场的需求人群做详细的调查研究，找出产品利益和需求的对接形式，用最简单同时最有效的诉求达成需要的结果。

（2）产品的成长期的广告诉求策略主要是扩张性，以塑造品牌概念和内涵为主。紧紧围绕着企业的经营策略和市场竞争特点展开，使得产品概念更加清晰，逐步赋予产品丰富的品牌内涵，迅速提升品牌认知度，抢占市场有利位置。

一个产品在市场上进入成长阶段，说明该产品的市场需求急速加大，这个时候加入竞争的企业也会突然增多，企业为了更快地抢占市场份额，占领市场的有利位置就要把自己的品牌概念加以强化，让消费者能从众多品牌中选择概念清晰、适合自己的品牌产品。此时由于市场上可以选择的商品增多，对品牌的喜好就显得非常重要，而品牌的选择有很多感性因素，为了让消费者喜欢自己的品牌，企业在塑造品牌上首先要在纯粹的产品概念和利益上加入更多的感性概念，让消费者接受产品时更自然、更感性。

案例：诺基亚 5110 色彩随心换广告

该广告的诉求是："诺基亚 5110 色彩随心换"，如图 4-12 所示。我们知道，手机产品是一个非常理性的产品，由于市场的高速成长，产品概念已经不是唯一的利益点，为了给品牌赋予更多的内容，很多品牌产品都注意产品概念和品牌概念的结合。这则广告的表现和诉求能让我们看出这一点。"色彩随心换"说明这款手机更注重产品的时尚性，注重消费者的心理感受和消费者的时代性。这些内容对品牌概念特征的丰富和塑造都是很有帮助的。

图 4-12　诺基亚 5110 色彩随心换广告

该手机产品突出其产品的外在包装可以随意的更换，同时对产品的表现是这个产品阶段的主要工作。从推广产品角度上看说明也是很具体、明确的。

该广告没有强调品牌，也没有着力说明品牌的好处，但从表现产品同时又能对品牌给消费者带来其他的利益的结果上看，该广告在产品这个市场阶段的表现还是很到位的。

（3）成熟期营销策略的重点是强化品牌形象和差别化利益，并衍生新的产品概念来支持品牌继续发展。广告诉求以品牌形象广告为重点，广告形式以提醒性的广告为主，使产品名称能深深印在消费者的脑中。从而达到维持品牌忠诚，凸显品牌个性，提高顾客购买数量和频率，扩大顾客范围等广告目标。

（4）衰退期的广告诉求是强调品牌形象，提醒消费者注意产品存在，能给消费者带来更多的实惠，努力唤醒人们对品牌的怀旧意识等。如广告诉求可着眼于产品能给消费者带来实惠，因为往往有部分消费者购买的动机是讲究实惠，像换季时很多服装的让利甩卖就是这样。但是企业更需要注意的是，当你的产品进入衰退期，产品销售量极速下降，此时，做好新产品的推广才是关键。

总之，在产品的不同生命发展阶段，其广告诉求策略是不一样的，企业选择何种诉求方式应根据不同时期的产品特点、消费心理、竞争状况等因素来确定。如果不按照产品生命周期的特点进行诉求策略的调整，必然导致诉求的混乱，浪费大量资源，错过时机甚至丢掉市场。

4.6.2　产品的商品化及其"软"价值

随着科学技术的不断进步，市场上的产品层出不穷，产品的生命周期也不断缩短，市场竞争日趋激烈，产品创新和快速实现商品化成为企业在竞争中立于不败之地的重要法宝。

与现代服务业融合发展有利于快速实现产品的商品化。服务作为一种软性生产要素，已经构成产品商品化实现的关键要素，如产品测试评价服务、知识产权运作服务、市场需求信息服务，这些在产品商品化实现中已经完全趋向融合。测试评价服务为产品商品化实现配置了大量的现代知识测试要素和可靠性保障；知识产权运作服务为产品商品化实现的先进性和有效性提供了法律的支持和保护；市场需求信息服务为企业时刻关注消费者的需求，获取第一手市场信息资料，可以使企业不断率先推出符合市场需求的各类新产品，建立先发优势，占据主流位置。因而现代服务业的持续有效地供给保障了产品商品化实现的创造力与竞争力，这种融合既是产业发展的方向，也是目前全球性的趋势。

此外，就商品价值而言，除了材料成本、人工费用、设备折旧和运输费用等有形的"硬"价值外，还包括技术的新颖性、实用性、产品整体的优良设计、售后服务及产品文化等无形的"软"价值。随着消费观念的更新和市场的不断发展，软价值在商品价值中所占的比重将越来越大。同样功能、同样的制造成本的产品由于服务和企业文化的差异可能使售价相差几倍。因此，搞好产品的"软"价值对企业具有不一般的现实意义。例如一汽大众就秉承"全心全意、专业专注"的客户服务理念，建立完善高效的客户服务体系，并以优秀的品牌，高质量的服务使用户满意，将用户、汽车、4S 店连成整体，让用户真切地感受到温馨与舒适，很好地满足了用户精神上的需求。

4.7　产品（设计）信息反馈

产品在大批量生产并投放市场后，还需要收集用户使用的反馈信息，这是一种很重要的交互特征。通过对用户反馈信息的分析可以有效地进行产品的改良以及加强用户与产品之间的沟通，企业可以通过产品信息反馈了解竞争对手的生产情况、销售策略、价格和服务措施以及产品的市场占有率，从而有针对性地组织生产销售，使自己在生产销售中占据有利地位，提升自身在行业中的竞争力。注重设计信息反馈是产品系统设计流程中不可忽视的阶段。

在众多的产品反馈信息中，消费者对产品不满意的投诉反馈是非常重要的信息。这些投诉中会包括产品的厂家信息、价格、功能、寿命、包装等重要信息，企业可以根据消费者出现的这些不满意原因的概率来修改和调整产品的设计、生产及销售。

产品反馈信息系统一般包括产品的市场销售、产品信息原始数据收集、绘制图表统计规律、建立数学模型分析以及改进和提高产品质量这五个环节。针对现在许多产品的投放都存在使用情况反馈不及时的问题，我们可以从以下几个方面来加强产品信息的反馈，例如建立完善的反馈机制、制定规范的产品信息反馈表、加强和完善售后服务。

思考题

选择一个具体的产品设计案例对其进行产品系统设计流程的分析。

作业要求

1. 以小组形式完成，每组 3 人。
2. 所选案例要有典型性，能完整体现系统设计的流程。

作业内容

1. 小组分工，对案例进行系统设计流程的分析。
2. 重点分析案例产品概念和设计概念的产生过程。
3. 分析原有的市场调研内容，小组完成新的调查报告，提出新的产品概念以及设计概念。

第5章

产品系统设计案例

 本章要点

　　本章通过婴儿监护器和帝度微波炉两个实际的案例深入浅出地说明了产品系统设计的具体方法和流程。由于设计的对象、目的等的不同，实际设计流程中采用的设计方法也应该有所差异，不可以生搬硬套。一般说来，现实的产品设计（商业设计）有较强的经济目的，更注重市场和用户的研究和产品对公司的实际效益；而概念设计则偏重对社会发展的预测，发掘用户的潜在需求，关注设计伦理，以未来的视野大胆地进行设计创意。因此，作为设计师应该结合项目的实际情况合理选择相应的产品系统设计方法。

 学习目的与要求

　　学习产品系统设计案列的目的在于使设计师和项目管理者在实际的设计工作中拥有系统的设计思想和策略，并将这一思想和策略应用于发现需求、解决问题和启发思考中，并且始终着重于从整体与部分之间、整体对象与外部环境之间的相互联系、相互作用、相互制约的关系中综合地、精确地考查对象，以达到整合优化处理设计问题为目的。

5.1　产品系统设计案例概述

产品系统设计贯穿于现代企业的整个研发、销售和宣传等过程，此过程必须将产品系统设计的思维纳入其中，将整个企业内部与外部市场等因素进行统筹综合考虑。在制定一项产品系统设计方案时，既要考虑到开发产品当前和未来的经济效益，又要考虑技术力量的实现和实现过程中的成本。在不了解用户需求、实现技术以及产品未来市场前景的情况下规划和设计出的产品往往会偏离主体。

在进行商业设计时，设计师应该综合具体产品特性、开发时间和资金配置等方面因素，提出合适产品的系统设计策略，并通过市场分析来细分市场，找出合理的市场定位。在此过程中，设计师还需要对现有产品进行分析，研究竞争对手的设计策略，把握社会文化趋势和流行趋势，提出具有竞争力和良好商业前景的设计方向。这时，拥有系统的设计思维将研究方法和具体的实施措施统筹起来进行高效地运作是十分必要的。

本章将前面所讲的产品系统设计的要素、方法和流程等知识在实际案例中进行综合的运用。因为两个案例在设计的对象、目的等方面的不同，所以实际设计流程中采用的设计方法也应该有所差异，这也体现了产品系统设计的灵活性和普适性。

婴儿监护器的设计内容、设计周期等因素采取了在现有的婴儿监护产品中寻找设计机会的方式，并且运用 arduino 的编程和硬件进行相应的产品原型开发，最终完成产品外观和 App 高保真原型设计的设计流程和方法。

帝度微波炉设计通过对现有微波炉的调研找出现有产品的功能、市场份额、市场趋势和用户特征等情况，在此基础上发觉设计机会点，并进行相应的外观设计和模型制作。

下面笔者将通过实际的设计案例来使读者深入了解产品系统设计流程的程序和方法，并依此说明产品系统设计流程在实际产品设计项目中的灵活运用。

5.2　Baby Care 婴儿监护器系统设计流程

项目名称：Baby Care 婴儿监护器系统设计。

项目简介：在现有的婴儿监护产品（见图 5-1）中找到市场裂缝和设计机会，用 arduino 开发出产品原型，并进行相应的外观设计。

团队成员：于康康、崔宴宾、姜晨菡、赵婉茹。

周期：48 天。

图 5-1　现有婴儿监护类产品

5.2.1　产品设计开发调研阶段

1. 接受设计任务，确定设计内容

此次的设计任务是婴儿监护产品设计。根据指导教师的课题要求，我们首先定义了此次的产品设计为改良型设计，并进行了相关的资料搜集和创意构想。根据我们前期的初步调研，向指导教师做了简短的汇报，将我们的创新点融入设计任务的产品中，使它与市场上现有产品相比有一定优势，并论证了创新点在技术（Arduino 原型）上的可行性。（见图 5–2）

图 5–2　项目汇报 PPT 图片

当然，设计是一个解决问题的过程，设计问题不会凭空产生，也不能被设计师随意捏造，只能从对生活的细致观察和真切体验中获得。但是我们设计师从生活和工作中发现的问题并不能形成一个清晰明朗的设计方向，因此需要我们设计师充分地论证这是不是一个问题，这个问题存在的普遍性和严峻程度，并对问题进行精准的提炼和定义，最终通过一些合理的解决方案来解决这个问题。

小组成员针对设计任务，展开头脑风暴。首先将自己认为与婴儿监护相关的护理项目、护理的地点和时间以及监护过程中可能出现的问题（例如，父母不在婴儿身边，婴儿睡醒啼哭，监护过程繁琐，室内温度不知道是否适合婴儿等）概要地写在卡片上；第二步是将卡片按照不同的维度进行分类，例如监护过程中问题出现的频率维度，问题解决的难易程度维度等；第三步是把上面卡片的分类进行拍照和统计，通过不同的分类找到婴儿监护过程中的问题和这些问题之间内在的联系，为下一步设计方案的制定奠定基础。（见图 5–3）

图 5–3　头脑风暴法发现问题

2. 制定设计计划

项目计划书是产品系统设计过程中必不可少的工具。它的内容应该包含整个设计研发过程中的各个阶段的时间安排（甘特图）、人员分工、费用预算、方法手段、评价标准等一系列内容。

设计师应该以系统设计思维将这些要素合理规范的安排，以方便今后对于项目各个阶段的把控和管理，同时这也有利于企业（客户）统筹安排产品开发后续的生产和市场推广计划。

常用的设计计划一般有 6 种形式：直线式设计计划、循环式设计计划、分支型设计计划、适应型设计计划、递增型设计计划、随机型设计计划。这几种形式各有长处，不同的设计项目之间也存在着差异性，应该根据具体项目选择合理的设计计划，由于项目周期为 39 天，资金比较少，因此需要制定一种高效率、低成本的设计计划，因此选择了直线式和分支型相结合的设计计划，将时间进程和组员工作进行合理的配置。（见图 5-4）

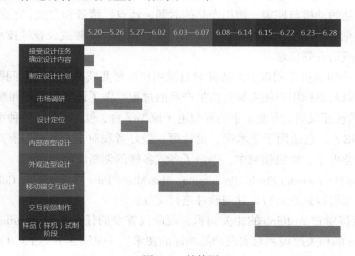

图 5-4　甘特图

通过对甘特图的制作，我们更加清楚了每个环节的工作目的和时间安排，理解了每个环节之间的相互关系和及作用。

3. 市场调研

根据前期的初步调研和产品规划情况，小组进入了真正的市场调研阶段。综合产品系统设计的各个要素（功能要素、人因要素、环境要素等），根据此项目具体的实际情况，市场调研分为 3 个阶段：调研准备阶段、调研实施阶段和调研结果分析阶段。工作重点分为 4 部分：产品市场的调研分析、同类产品的调研分析、功能技术的调研分析和使用者的调研分析。

（1）调研准备阶段。

根据即将进行的调研任务小组成员举行了一次讨论会议（见图 5-5）。首先明确本阶段调研的重点和针对这些调研内容所采取的调研方法；其次是进行了小组成员调研工作的具体分工；第三是制定了调研计划书（调研范围、调研内容、参与人员分工等）（具体内容见附录一），避免了调查的盲目性。

最后，根据调研过程中可能遇到的具体问题和我们希望从目标用户反馈的相应信息，我们小组制定了对应的调研问卷（具体内容见附录二）和访谈问卷（具体内容见附录三）。

图 5-5　调研研讨会照片

（2）调研实施阶段。

根据准备阶段的调研计划，小组各成员依据各自分配的任务具体实施此阶段的调研，所用到的调研方法有桌面研究、观察法、问卷调查、文献调研、访谈法等。

桌面研究是指不进行一手资料的采集，直接根据现有的、可收集到的资料进行分析的研究项目，通常也称这为案面研究。在此阶段，小组成员将与婴儿监护相关的产品进行了大面积的搜索，重点搜索现有的在电子商务平台上销售的婴儿监护器的功能、形态、价格等因素。

针对目标用户，小组成员主要采用了问卷调查法、访谈法和观察法。通过用户访谈，我们主要了解用户使用产品的动机与期望，使用产品的时间、地点、情景和方式，完成预定目标的情况，对产品的评价和意见等。对用户进行观察，使用记录、拍照、视频或录音等技术手段获取用户使用现有产品的行为或语音等信息。

在这个阶段，小组成员采用以上方法针对目标用户在婴儿监护中遇到的问题，目标用户对婴儿监护器的看法，以及目标用户使用婴儿监护产品的过程等做了详细的询问和观察。

Arduino 是一款便捷灵活、方便上手的开源电子原型平台，包含硬件（各种型号的 Arduino 板）和软件（ArduinoIDE）。它适用于艺术家、设计师、爱好者和对于"互动"有兴趣的朋友们。它被运用在中国非专业电子、电机领域中，创造了各式各样的创新应用。

Arduino 可以与 Macromedia Flash、Processing、Max/MSP、Pure Data、Super Collider 等软件结合，作出互动作品。它也可以独立运行，并与软件进行交互。

由于先前没有接触过 Arduino 的相关知识，现阶段首要的任务是对 Arduino 进行有针对性地学习，了解 Arduino 的相关原理和对实现产品功能的技术。（见图 5-6~ 图 5-9）

图 5-6　Arduino 书籍

图 5-7　Arduino 声音传感器

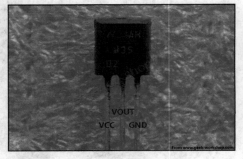

图 5-8　Arduino 温度传感器（LM35）

图 5-9　Arduino 电路板（MEGA2560）

（3）调研结果分析阶段。

①调研结果的整理。

将调研搜集到的资料进行分类和整理，部分资料用数理统计的方法进行分析，这种数据分析和数据可视化可以使我们的调研更加直观和具有说服力，为下一步的调研结果分析奠定基础。（见图5-10）

②产品市场调研分析

根据中国市场情报中心网站报道，2009年，中国内地新生儿逾1600万。中国正在经历新中国建国

图5-10 小组整理调研资料图片

以来的第四波"婴儿潮"，时间将持续到2015年。新一波"婴儿潮"的出现形成了一个庞大而且充满潜力的需求市场。目前内地0至6岁婴童人数近1.7亿。估算内地婴幼儿用品经济年增长率超过30%，市场规模到2008年底已达8500亿元左右。2015年将有望超过3万亿元，如图5-11所示。

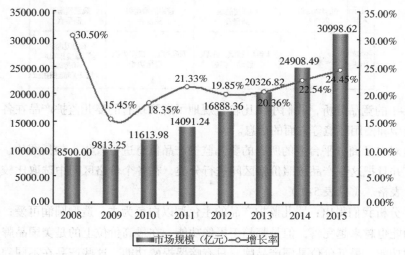

图5-11 2010-2015年中国婴幼儿用品市场需求预测

根据淘宝指数从2011年7月到2013年4月的统计，婴儿监护产品在淘宝和天猫上的搜索和成交指数随着时间的推移呈上升趋势，说明我国目前对此项产品的需求正在增大。（见图5-12）

通过对桌面调研资料的总结，我们发现婴儿监护产品在我国的市场需求正在增加，潜力巨大。

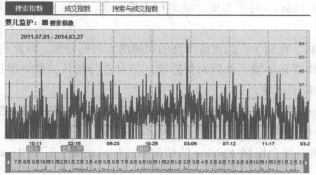
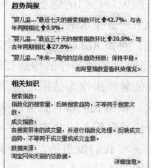

图5-12 淘宝指数（婴儿监护产品）统计

③同类产品分析。

同类产品分析又叫竞品分析，限于诸多实际因素（时间、资金等），本小组主要采用次级资料调研的方法。

次级资料调研也叫二手资料调研，通过整理企业内部资料（产品技术与技术信息、销售信息等）和收集出版物、媒体、网络中的相关数据、信息，并对这些资料进行分析和研究，获得对产品、市场、竞争对手初步的、整体的印象，为深入调研做准备。由于各方面因素的限制，本次竞品分析小组成员主要从淘宝网获取产品功能、价格、销量等信息。

表 5-1 婴儿监护产品的竞品分析表

价格	38元	188元	1798元	3980元
目标人群	低消费层级消费者	中消费层级消费者	较高消费层级消费者	高消费层级消费者
主要功能	啼哭提醒	啼哭、尿湿、汗湿、爬动、踢被	双向对话、夜视功能、提示功能	夜视功能、检测温度和噪声、wifi传输、对话和摇篮曲播放

通过表 5-1 的竞品分析，我们小组比较直观地了解到现有的婴儿监护产品在各个价位段上的一些功能、造型和使用环境等方面的信息。

我们通过对电子商务平台上的所有的婴儿监护产品信息进行收集，包括图片、价格、功能、造型元素等，并且把这些产品按照价格区间进行分类，在各个价格区间中选取比较典型的产品，制作竞品分析表格。（见表 5-1）

通过竞品分析我们得出：婴儿监护产品的主色调以白色为主，造型圆润可爱；随着价格的增高，产品的功能也越来越完善，但是都趋于摄像功能，在最高价位上的是美国品牌，它具有与手机直接对接的功能，最低价位是国产品牌，只有啼哭提醒功能。这些产品在不同程度上都解决了婴儿护理过程中的部分问题，但是在电子商务平台上销量都不是很高，没有特别突出的优势使消费者购买。这为我们下一步寻找设计机会点奠定了基础。

④功能技术分析。

由于此次的设计任务为 Arduino 原型制作，所以技术实现的目标比较明确，根据我们小组最初通过头脑风暴得到的创新点，对 Arduino 的原型设计提出相应的要求，通过文献调研和相关的电路实验来论证技术的可行性。

首先，查找 Arduino 的相关资料，找到了我们可能用到的功能的实现的办法，以及相关硬件。Arduino 能通过各种各样的传感器来感知环境，然后对传感器的信号进行辨认，最终通过控制灯光等其他的装置来作为结果反馈和影响环境。

其次，根据我们设计任务中头脑风暴的一些创意点，购买了电路板和一些传感器（温度传感器、声音传感器等），并进行了一些简单代码的编写和简单电路的插接。

最后，将我们设想的功能分解，逐个根据 Arduino 的相关教程加以论证，证明 Arduino 的技术的可行性。（见图 5-13）

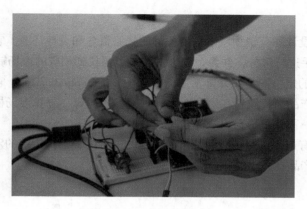

图 5-13　Arduino 电路板实验

⑤使用者调研分析。

产品的最终价值体现在与使用者的交互过程中，如果一件产品不能满足使用者马斯洛提出的五个需求层次中的任何一个，估计没有人愿意来购买这样的产品。

随着新经济时代的到来，人们在追求功能和价值的同时，越来越关注产品所提供的情感体验，因此要求工业设计师必须将一部分注意力由只关注产品的功能、形态和材质转移到同时关注产品的用户体验、产品对用户生活形态的影响等方面。所以，对用户研究的深度和质量，在一定程度上直接关系到产品设计的成败。

通过对用户的定量研究和定性研究，我们发现新晋父母在产假后一般都要回到职场工作，陪婴儿的时间相对较少，一般由其父母或者保姆代为照顾，他们希望在上班空余时间多看看孩子。用户最需要急切解决的问题依次是婴儿啼哭提醒、室内温度的监测提醒、与婴儿的即时视频。我们发掘的潜在需求是新晋父母需要更简便的冲奶粉的流程；越来越重视家用电器存在的辐射，以及过高的辐射值可能对婴儿的成长发育造成的危害。

最后通过回收的数据和访谈的资料进行相应的分析和构建人物模型。（见图 5-14 和图 5-15）。

目标用户人物模型

我需要方便照顾孩子和能简化流程的产品

关键特征：与父母同住。上班时间父母照顾孩子。下班自己照顾。希望有更多的时间陪孩子。能给孩子的健康成长提供更好的条件。希望上班时间了解孩子的状况。晚上休息时与孩子分房睡。认为冲奶粉、试奶温的流程很繁琐，希望有产品能方便照顾孩子和简化照顾孩子的流程。

姓名：张女士
年龄：28岁
婴儿年龄：1.5周岁
职业：教师
家庭年收入：￥100000元
爱好：看电影、读书、运动

图 5-14　目标用户人物模型 1

目标用户人物模型

我需要能将孩子周边的相关信息及时传递给我的产品

关键特征：双职工家庭。上班时间孩子由保姆抚养。经常加班。遇到过下班时间妻子在厨房做饭，孩子哭闹不止，从床上掉下，但妻子不知道的情况。希望给孩子更多的关心，孩子周边的环境对孩子的成长没有危害。希望有一件产品能把孩子周边的相关信息及时传递给他。

姓名：李先生
年龄：26岁
婴儿年龄：1周岁
职业：公司职员
家庭年收入：￥150000元
爱好：运动、酒吧、桌球

图 5-15　目标用户人物模型 2

通过用户调研，我们找到了现有的新晋父母在婴儿监护过程中存在的问题，目标人群对这些问题关注度的排行情况，他们可以为解决这些问题所能承受的产品的价格等。

⑥设计定位。

定位是现代企业设计和营销领域中一个关键的战略概念和设计环节。它可以将企业自身的产品、服务等与竞争对手进行区分，并为企业进入某个市场找到相应的市场缺口。

我们小组所运用的定位图是设计师常用的感知图（perceptualmap）。它主要以产品图像表达为主，将调查汇集的产品图片放置在定位图上，进行参照研究，寻找市场机会。这种方法不强调数据的精确性，而是一种直观的定性分析方式。

我们将搜集的现有产品按照功能和价格两个维度进行区分，将传统的定位坐标进行修改，这样可以清晰地反映各产品在图中的定位情况。（见图5-16）

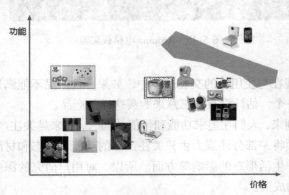

图5-16　婴儿监护器的市场定位

通过该图进行分析，我们发现中间偏右上角部分有一处空白区域，这样的空白区域在定位图中成为机会空间，代表着市场空白或者竞争对手相对较少。通过产品系统设计中各要素的分析，并结合上一步中用户调研的情况，我们认为该区间的产品存在开发价值，并确定了最终的产品功能：奶温测试和提醒、室温测试、啼哭提醒、实时观看和辐射值预警。

5.2.2　产品设计阶段

根据项目的具体情况，我们小组将此项目分为3个设计部分：内部原型设计、外观造型设计和移动端交互设计。由于设计周期的限制，此阶段我们按照分支型设计计划执行。

1. 内部原型设计

Arduino的程序开发流程一般分为编辑、编译、链接和执行四个步骤。编辑就是产生程序代码；编译的工作是将我们编辑完的文字文件转换成机器码，这个步骤使我们将前一部分语法错误、逻辑错误的地方进行修正，直到编译器上不产生错误提示为止；链接就是寻找程序当中所用到的功能模块和内建函数库的位置，再与主程序结合成为一个可执行的文件；执行就是将程序烧录到芯片中，最终完成测试。（见图5-17）

根据相关资料的学习和我们从网上购买了与原型制作相配套的器材（电路板、传感器等），根据相关教程，小组指定成员进行Arduino控制原型代码的编写、原型电路的连接和测试。根据原型零部件的尺寸我们大致确定了产品产品外观造型的形状和尺寸。（见图5-18~图5-20）

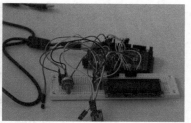

图 5-17　烧录完成的芯片　　　　图 5-18　Arduino LCD 屏　　　　图 5-19　Arduino 电路板连接

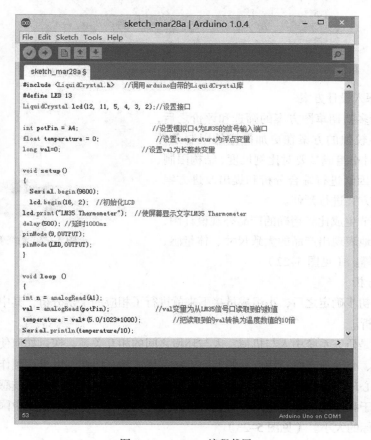

图 5-20　Arduino 编程截屏

2. 外观造型设计

（1）设计草图

首先根据 Arduino 原型的内部结构，小组进行草图阶段的表达。手绘设计表现是设计思维最直接、最自然、最便捷和最经济的表现形式，可以在设计师抽象思维和具象思维之间进行实时的交互和反馈，并且可以通过草图的绘制培养设计师对于形态的分析、理解和表达的能力。

初期阶段的想法常表现为一种缺少精确尺寸信息和几何信息的概念草图。小组成员通过草图勾画方式记录、绘制各种形态的方案，并且标注记录相应的设计信息，确定三至四个方向深化。（见图 5-21）

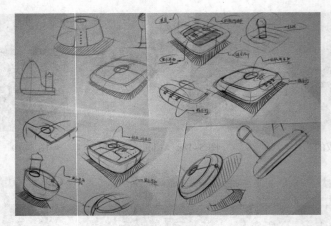

图 5-21 初期设计方案

（2）确定深入设计方案

在经过对诸多初期草图方案的筛选和评价之后，选出一个可行性较强的方案在更加严谨的限制条件下进行深化。这时小组成员要对比例尺度、结构限制、功能要求等制约因素进行综合分析和提出改进方案，将初期的的设计方案进行延伸。

图 5-22 最终效果图

通过这个环节生成比较精确的产品外观设计图，它可以更加直观地表现出产品的大致尺寸、体量感、材质和光影关系等。（见图 5-22）

（3）工学分析

当设计方案初步确定之后，小组成员接下来就进行了相应的工学分析，其中包括人机工学分析和加工工艺分析。

人机工程学是研究系统中人与机械、人与环境之间的相互关系，探讨如何使机械、环境符合人的形态、生理、心理等方面的特点，使人、机械、环境相互协调，以求达到作业环境条件尽可能与人的生理、心理相适应的一门学科。产品整体外观简洁、典雅、充满科技感，符合新晋父母的审美心理。由于我们的产品是使用者对其触屏的操作，所以小组成员根据中国人手指的尺寸来规划各个触摸图标的大小。（见图 5-23）

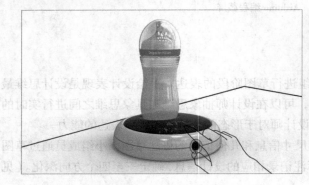

图 5-23 人机工学分析图

图 5-24 ABS 材料

产品是材料经过一定的工艺制作过程而产生的。在产品加工过程中，材料的选择和加工工艺的选取直接关系到产品的加工效率、成品的成本和品质等，所以，我们小组对产品材料和成型工艺进行了深入的探讨，定位产品生产主要采用 ABS（见图 5-24）一次成型技术。

（4）产品 3D 设计图

三维建模的最大优点是设计的直观性和真实性。在三维空间内多角度地观察和调整产品的形态（见图 5-25），可以省去原来部分样机的试制过程，更为精确直观地构思出产品结构。

我们小组成员通过对方案的建模和渲染，使我们更加全面地评估产品设计，减少了某些细节设计的不确定性。并通过不同的产品配色，使同一款产品能满足不同用户的色彩需求。（见图 5-26）

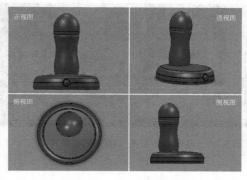

图 5-25 solidworks 建模图片

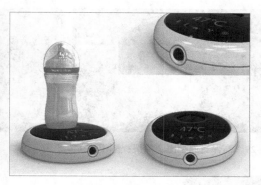

图 5-26 渲染效果图

3. 移动端交互设计

根据《用户体验要素》中对应产品设计的战略层、范围层、结构层、框架层、表现层这五个层次，战略层和范围层在上面的设计初期已经确定，在这个阶段中小组成员主要针对另外三个层次进行相应的设计。

（1）结构层用来设计用户如何到达某个页面，并且在他们做完事情之后能去什么地方。针对这一个层次，我们小组成员进行了流程图设计。流程图（Flow Diagram）是由约定形状的图框和图框中的文字和符号以及箭头流程线组成的图形，主要用于表示执行操作的先后次序和选择路径的逻辑关系。

针对上面的流程图，小组成员采用认知走查的方法进行了评估，验证了达到用户目标的过程比较顺利。

（2）框架层用于优化设计布局，以达到各元素的最大效果和效率。针对框架层，小组成员进行了线框图的设计。线框图（Wire frame）源自建筑图纸，在网站设计和 APP 设计中称为页面布局图（Page—Layout），是用图形和文字表示页面结构、层次关系、组成元素和内容的一种可视化表现形式。

（3）在表现层，你看到的是一系列的网页，有图片和文字组成。针对表现层，小组成员进行了高保真原型图的设计。高保真原型图是指界面布局和交互效果与实际产品完全等效，体验上也与真实产品接近。（见图 5-27~ 图 5-31）

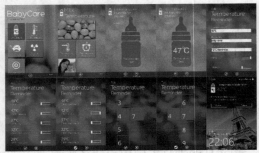

图 5-27　高保真原型图（奶温测试模式）

图 5-28　高保真原型图（室温模式）

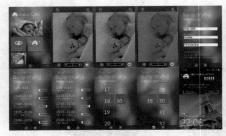

图 5-29　高保真原型图（啼哭提醒模式）

图 5-30　高保真原型图（辐射测试模式）

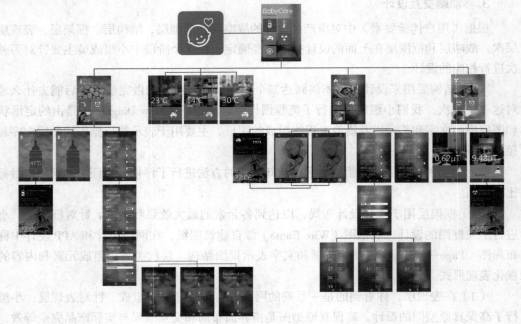

图 5-31　高保真原型图（整体构架模式）

　　根据高保真原型图进行了产品交互动画的制作，用于展示产品在操作过程中的功能、流程和交互动作。

5.3　帝度微波炉系统设计流程

项目名称：帝度微波炉系统设计。

项目简介：通过对现有微波炉的调研找出它们的产品功能、市场份额、市场趋势和用户特征等情况，发觉设计机会点，并进行相应的外观设计和模型制作。

团队成员：何宇晴、何志成、姜然、曲明超、王佳琳。

根据产品系统设计的方法和流程，小组成员先对此项实际任务的整个过程进行了规划，大致分为三个阶段。第一阶段是调研阶段，包括产品调研、市场调研和用户调研；第二阶段是互动交流阶段，包括头脑风暴、人机环境分析、分析模型和界面设计；第三阶段是设计实施阶段，包括设计语言、设计方案和模型制作。

5.3.1　调研阶段

前期调研阶段，小组成员将调研分为产品、市场和用户三个方面。产品调研分为简介、功能、构造、分类和发展趋势；市场调研分为实地调研、市场份额、品牌分析和市场趋势分析；用户调研分为问卷分析和特征用户设定。

1. 产品调研

（1）简介

微波炉（microwaveoven/microwave），顾名思义，一种用微波加热食品的现代化烹调灶具。微波是一种电磁波。微波炉由电源、磁控管、控制电路和烹调腔等部分组成。电源向磁控管提供大约4000伏高压，磁控管在电源激励下，连续产生微波，再经过波导系统，耦合到烹调腔内。在烹调腔的进口处附近，有一个可旋转的搅拌器，因为搅拌器是风扇状的金属，旋转起来以后对微波具有各个方向的反射，所以能够把微波能量均匀地分布在烹调腔内。微波炉的功率范围一般为 500 ~ 1000 瓦。

以 2450MHz 的振荡频率穿透食物，当微波被食物吸收时，食物内之极性分子（如水、脂肪、蛋白质、糖等）即被吸引以每秒钟 24 亿 5000 万次的速度快速振荡，这种震荡的宏观表现就是食物被加热了。

1947 年美国的雷声公司研制成世界上第 1 个微波炉——雷达炉。在 20 世纪 40 年代微波炉大多用于工商业。经过人们不断改进，1955 年家用微波炉才在西欧诞生，20 世纪 60 年代开始进入家庭。20 世纪 70 年代，由于辐射安全性、操作方便性等问题的解决，使得微波炉造价不断下降，它才进一步得到推广使用，并成为了一个重要的家用电器产业，同时在品种和技术上不断提高。进入 20 世纪 80 年代、90 年代，控制技术、传感技术不断得到应用使得微波炉得以更加广泛的普及。

微波炉作为西方的舶来品，20 世纪 90 年代初在我国悄然兴起，90 年代中期逐渐成长，完成了微波炉在我国的导入期；90 年代末到 2005 年，微波炉经历了快速发展期，销量由几十万台迅速上升至几百万台，微波炉从奢侈品变为大众消费品，受到越来越多的消费者的认可；但从 2006 年开始，已经进入成熟期的微波炉市场却停滞不前。数据显示，自 2006 年以后，国内微波炉销量一直在 800~900 万台徘徊，一直未能突破千万大关。

（2）功能

①食物烹调。用微波炉加热不通过器皿等中间介质传递热量和耗散部分热量，且在微波能达到的食物的深度范围内，表里同时受热，因此烹调时间明显缩短，烹调速度快。

②食物解冻。自然解冻的过程是由表及里进行的，速度慢。利用微波炉解冻，则可在微波所能达到的深度范围内表里同时受热解冻，速度快。

③食物二次加热。对熟食、剩饭、方便食品、微波炉专用食品等进行再加热，只需几分钟或几十秒即可加热，且保持原汁原味。

④食物干燥、脱水。可利用微波炉加热食品能大量蒸发水分的原理，对某些食物进行干燥或脱水处理，以达到防霉变或长期保存的目的。

⑤食物保鲜。对于剩菜，为防变质可同盛放其非金属的器皿一起经微波炉加热几分钟，冷却后再放入冰箱保存，可相对增加保鲜保质时间。

⑥灭菌消毒。除了烹饪外，微波炉还能为消毒杀菌、防蛀保鲜等提供方便。用它消毒碗、筷子、盘、碟等炊具，多数病菌会被杀灭。

功能特色有以下内容。

①烹饪速度快。比电灶节时 60%，比煤气灶节时 55%。

②食物营养损失少。由于烹饪时间短，营养物质较其他烹饪方法保存率高。

③无油烟。微波炉工作时不会附带产生烟尘和未完全燃烧的有害气体。

④可直接使用餐具烹饪。在微波炉中可直接使用非金属餐具进行烹调。

⑤二次加热效果好。再次加热食物时，食物不变形、不变色。

⑥解冻速度快。可在短时间内解冻食物。

⑦节电节能。微波直接加热食物，减少热损耗，平均节电 55% 以上。

⑧无明火，使用安全。仅在电能、电磁能、热能之间转换，无明火。

（3）构造

一般微波炉都有视屏窗、波导口、支架烤盘、炉门开关等基本构件。（见图 5-32 和图 5-33）

门安全联锁开关	确保炉门打开，微波不能工作；炉门关上，微波炉才能正常工作
视屏窗	有金属屏蔽层，可能过网孔观察食物烹饪情况
波导口	控管发射的微波透入体的通道（装有云母片，切勿拆卸）
转轴	带动玻璃转盘转动
转盘支承	支承玻璃转盘并按其轨道转动
玻璃转盘	装好食物的容器放在转盘上，加热时转盘转动，使食物烹饪均匀，以达到理想的均匀烹饪效果
控制板	详见控制板说明
光波管	安装在炉腔顶部，使用光波功能时发出光波
炉门开关	按此开关，炉门打开
支架烤盘	光波烹调食物时用的托盘

图 5-32　微波炉基本构件

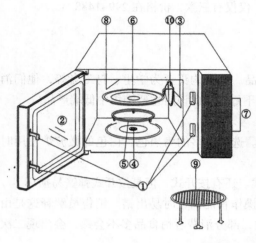

① 门安全联锁开关。确保炉门打开，微波炉不能工作；炉门关上，微波炉磁能正常工作。
② 视屏窗。有金属屏蔽层，可透过网孔观察食物烹饪情况。
③ 波导口。磁控管发射的微波进入腔体的通道。
④ 转轴。带动玻璃转盘转动。
⑤ 转盘支承。支承玻璃转盘并按其轨道转动。
⑥ 玻璃转盘。装好食物的容器放在转盘上，加热时转盘转动；使食物烹调均匀，以达到理想的均匀烹饪效果。
⑦ 控制板。详见各个产品控制板说明。
⑧ 光波管。安装在炉腔颈部，使用光波功能时发出光波。
⑨ 支架烤盘。光波烹饪食物时用的托盘。
⑩ 炉门开关。按此开关，炉门打开。

图 5-33　微波炉基本构件及其功能

（4）分类

当前市场上的微波炉按控制方式可划分为机械式微波炉和计算机式微波炉；按功能可划分为光波微波炉、烧烤微波炉、蒸汽微波炉、变频微波炉、智能微波炉。

（5）发展趋势

通过调研发现，微波炉有以下发展趋势：从单一功能向多功能发展，从传统外观向个性化外观发展，从侧开门向下拉门发展。

2. 市场调研

（1）实地调研

为了了解微波炉的实体店销售情况以及销售者在销售过程中出现的问题，我们针对微波炉进行了实地考察。

实地调研地点分为两类，一是专业的电器城，如苏宁电器；另一类是超市的电器区，我们调研了世纪华联、大润发。

在苏宁电器的调研小组成员发现以下几点。

① 苏宁电器主要销售美的微波炉，其他的还有格兰仕、三阳等，价格区间为 299~2699 元。
② 据销售员介绍，美的的内腔材料为纳米银，有别于其他品牌的钢材。而且美的首推下拉门设计，左右有双保险条，可承重 4 公斤。
③ 现有微波炉的操作界面有三种：机械式、半机械式（旋钮和按键组合）、电脑式。
④ 美的的蒸立方微波炉加入蒸的功能，使食物更加营养。
⑤ 购买目的主要为家庭用，其次为老人，年轻人使用。
⑥ 我们随机采访了一对夫妇。他们认为微波炉在家庭中很必要，因为可以节约时间，使做饭、热饭等变得简便。他们想买具有计算机式操作界面的微波炉，喜欢黑色和银色搭配的镜面外观，因为看起来更高档。他们的预算为 1000 元左右。

在世纪联华超市调研过程中，我们了解到以下几点。

① 微波炉的种类较少，主要是格兰仕和美的。

② 主要销售低中端产品，高端产品（千元以上）仅仅有三款，价格在 299~1488 元。

③ 操作界面有机械旋钮式和智能触屏式。

我们从售货员处了解到以下几点。

① 购买人群主要为家庭，他们往往选择中端产品。部分购买者为学生、打工者等，他们消费能力不高，多选择低端产品。高端产品的销售情况不好，因此该店主要销售中低端产品。

② 消费者购买时，选择理由主要为价格。

③ 该店微波炉的颜色主要为黑色、白色、红色。选购最多的为黑色，白色的微波炉使用时间长后易变黄。

④ 该店微波炉的开门方式主要为下拉式、左拉式。还有按开式，但是按开式弹簧易损坏。

⑤ 消费者在使用过程中出现的最大的问题是：操作智能面板时易出错。销售员解释这是由于智能按键对食品的处理时间是系统设置的平均系数，部分消费者怕食品多不会熟，会出现二次操作现象，易损坏机器。

在大润发超市调研的结果有以下几点。

① 大润发主要销售美的，格兰仕品牌，价格为 288~1588 元。

② 开门方式有下拉式、左拉式、按开式。

③ 微波炉操作界面有三种：机械式、电脑按键式、全触屏式。

④ 加热方式有：转盘式、平板内胆。

一些更合理的设计成为品牌销售噱头的有以下几点。

① 新的内腔褶皱设计使加热更加均匀。黄金有氧生态仓能灭细菌，产生负氧离子，使整个炉腔像大自然一样清新、洁净。

② 陶瓷平板内胆比可旋转底盘扩大了越 50% 的有效加热空间。因为底板面积越大，加热越快，热度越高，受热面积越均匀。

③ 格兰仕顶部的"旋风上排"散热系统，通过内置旋风装置引导墙体内热空气充分排出，延长磁控管的使用寿命，从而延长微波炉整机的使用寿命。

④ 格兰仕首推圆形智能微波炉，内部微波利用率几乎可达 100%，且辐射更小，更安全。

实地调研结果总结。

当前，微波炉市场的品牌格局较为稳固，依然以格兰仕、美的两大厂商的竞争为主要格局。随着生活水平的提高，高端产品占比提高。销售渠道仍以家电市场、厨卫市场以及超市专卖区等专业产品集中销售的市场为主。

从控制方面分电脑式微波炉和机械式微波炉两大类。电脑式微波炉适合于年轻人和文化程度较高的人使用，能够精确控制加热时间，根据加热食物的不同，有多种程序可供选择，高档的产品可能还有一些其他的附加功能，缺点是按键多，操作复杂不易掌握。机械式微波炉最适合中老年人使用。优点在于操作简便，清楚明白，产品可靠性好。

消费人群主要为城市家庭、初入社会的年轻单居人士、空巢老人，也有少量的学生、打工者等。

中低端产品最受欢迎，消费者往往只需要其基础功能，高端产品过多的功能在某种程度上是一种累赘。

消费者购买时较在意微波炉的安全性，辐射较小的微波炉即使价位高一些也很受欢迎。

（2）市场份额

中国几大主要品牌的市场占有率（见图 5-34）。

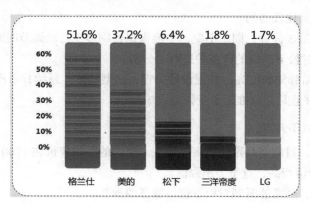

图 5-34　各个微波炉品牌的市场占有率

（3）品牌分析

首先小组成员对格兰仕品牌的微波炉进行了分析。

它的总体特征是价格便宜，销售量大。格兰仕主要是以中低端产品为主，主打的光波炉销售很好，它是国内最早的微波炉生产厂家。

它的不足有以下几点。

① 蒸汽功能使用长了后内腔不易于清理打理。

② 由于产量大，磨具磨损严重所以产品做工比较粗糙。

③ 一些产品内胆有凸起，显得产品不够专业。

④ 门开关里面是有润滑油的，使用时间长了后门开关处呈黑色状态，显得不卫生、不健康。

它的优势有以下几点。

① 球形时尚设计，掀起外观革命。别具风格的球形外观显得产品时尚、华丽又不失精致灵动。360 度可视操作空间。

② 创新屏幕罩设计，掀启安全革命。辐射仅为手机的 1/6，最让人放心的无辐射有蜂巢，更安全。

③ 上下翻盖设计，掀起结构革命。"珍珠贝"上开门微波炉是全球第一款向上开启的微波炉。

④ 首创聚能设计，掀启能效革命。球体三维设计，聚能高效，功效提升 10%，烹饪更快，味道更好，超过国家一级能效标准，节能低碳。

⑤ 人性化功能设计，掀起体验革命。微波炉腔内设有 LED 灯光、和弦声音。暗藏式抠手，节省空间，轻松开启。45 度智能控制面板，操作更舒适。

接下来小组成员对美的品牌微波炉进行了分析。

它的总体特征是外观非常吸引人并且小巧、外观尺寸在高 26cm、长 46cm、深 35cm 以内，做工精细。这是顾客选择的主要关注点。功能卖点多（电脑板的都带烧烤功能），菜单多。广告多，品牌知名度高。价格合理，赠品多。

它的不足有以下几点。

① 表面做工精细，但里面不细，比如底板部分等。

② 按键不是很好用。

③ 微波炉爆炸率是比较高的。

④ 宝宝菜单时长是 3 分钟，固定不变，不能根据食物多少自动调节时间。

第三步小组成员对松下品牌的微波炉进行了分析。

它的总体特征是品牌知名度高，外观设计美观，造型精致，延续日系产品的设计风格，便于操作的人性化设计，并且是首家推出了变频微波炉。

松下品牌不足有以下几点。

① 产品价格较高，目前产品定位以高端为主。全国的平均售价在 1100 元左右。

② 1000 元以下价位产品，竞争力不强。

③ 售后服务不好，经常能听到对松下售后服务的抱怨。

④ 低端产品故障率较高，尤其是内置蒸汽功能的微波炉工作以后计算机板容易受潮，影响使用。同时松下的维修成本高。

最后小组成员对帝度品牌的微波炉进行了分析。

帝度微波炉的技术优势有以下六点：

① 加热均匀技术；

② 下拉门技术；

③ 六重防微波泄露技术；

④ 腔体整体铆接技术；

⑤ 专利降噪技术；

⑥ 独创的平台技术。

在人性化的设计方面，帝度有以下优势：

① 延时启动；

② 儿童保护锁；

③ 好记芯；

④ 蒸汽清洁；

⑤ 多阶段烹调。

在材料方面，帝度有以下优势：

① 镜面钛膜工艺；

② 进口不锈钢；

③ 微晶底板；

④ 航空硅胶；

⑤ 自润化门钩。

帝度微波炉现在一般具有以下功能：

① 高效消毒；

② 智能节能；

③ 断电延寿；

④ 变温烧烤；

⑤ 红外温控。

我们小组成员对以上品牌的微波炉进行对比，得到分析图。（见图 5-35）

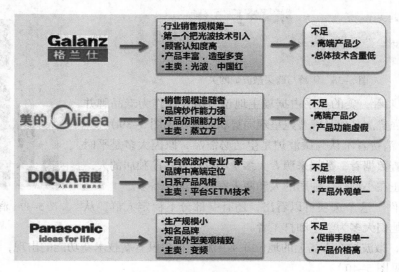

图 5-35　各品牌优劣势对比

（4）市场趋势分析

通过对现有不同价位和不同类型微波炉销售现状进行调研，形成各自的销售状况图。（见图 5-36 和图 5-37）

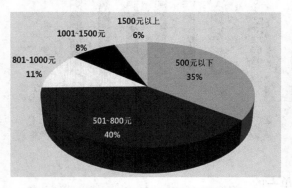

图 5-36　不同价位微波炉销售状况

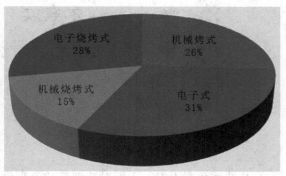

图 5-37　不同类型微波炉销售情况

通过以上饼状图和上面四个品牌的微波炉进行对比，我们小组认为未来微波炉的发展趋势为人性化、智能化、多功能化、安全化、复合化、节能化。

3. 用户调研

用户调研是了解用户的最直接有效的方法。通过对目标用户的调研，我们可以了解用户购买微波炉时的想法，在使用微波炉时的操作方法，对我们下一步的设计定位和功能确定有重大的意义。

（1）问卷调查结果分析

通过调研发现在购买微波炉的消费者中年轻消费者占主导地位，大部分原因是将要组织新家庭。还有一部分年龄较小或较大的消费者是由于生活需要（见图 5-38）。

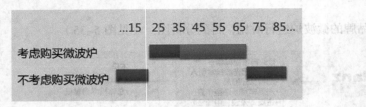

图 5-38　年龄与购买微波炉的关系

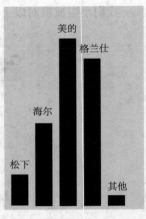

从调研结果看，美的几乎占据霸主地位。格兰仕作为老品牌并没有美的这么强势。其他品牌普遍呈现弱势状态。（见图 5-39）

大约 60% 消费者不认为微波炉是生活必需品，原因大多是平时不常用。从调查数据看，数据来源者大多是小家庭或目前独居的人，目前现代家庭正在小型化，独居的人和两人家庭正逐渐增多。

图 5-39　消费者品牌倾向

从"看条件"这个选项可以看出，还有一部分不稳定人群，从抽查结果看，他们大多为学生和打工者。

综上所述，微波炉在市场上的地位并不乐观，如果没有新技术新功能的出现，有可能被其他产品淘汰。（见图 5-40）

从材料上看，大家对现有的材料种类目的性不强，对微波炉的使用材料不是很介意。（见图 5-41）

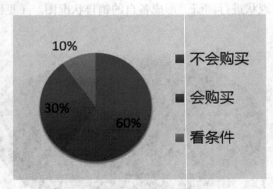

图 5-40　消费者购买意愿

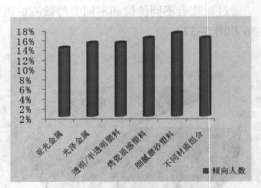

图 5-41　消费者材料倾向

从造型色彩上看，人们对造型简洁色彩偏单一的产品更具好感。更多的人愿意追求新颖时尚、具有现代化气息、显得更加高科技的产品。对不同于方形的其他造型，消费者有想要去尝试一番的意愿。

消费者最注重的还是产品安全问题，其次考虑的是价格。品牌和智能化也是能充分影响消费者选择的因素。（见图 5-42）

比起机械旋钮，更多人喜欢智能触屏的科技感。

图 5-42　消费者购买因素

但大部分消费者表示对按键的功能操作了解较少。年轻人大都表示自己会用这些功能按键，老年人则希望功能更清楚明了。（见图 5-43）

大家使用微波炉的主要目的是热饭，也就是最常用的功能是加热功能，其次是用来热牛奶，还有一些人会用来解冻和做点心。烧烤和做菜是用的最少的功能。（见图 5-44）

图 5-43　产品界面倾向　　　　　　　　图 5-44　消费者使用目的

消费者认为现有产品的缺点和对未来产品的希望点。

① 不易清洗。

② 门板易变形，程序易出错。

③ 加热后，食物取出时烫手。

④ 希望能适合加热更多材质的容器。

⑤ 操作界面更直观。

⑥ 造型更多样化。

⑦ 辐射更小，使用过程更健康。（见图 5-45）

（2）特征用户设定

图 5-45　消费者希望点

通过上面的用户调研，我们从众多的用户中抽象出一个特征用户——Tom 夫妇。他们的年龄都是 25 岁。两人 2012 年 11 月结婚，现居南京，两人世界，房屋面积 110 平方米。夫妇都是工科生，现从事 IT 行业，工作时间为朝九晚五，工作稳定，收入中等，平时忙碌，周末放松。

他们的生活规律是：早上 7 点半出门，一般在外面买早点，有时热点牛奶和叫外卖的西餐；中午 12 点在食堂吃，偶尔带饭；晚上 5 点下班，两个人经常在商业区附近吃简单干净的快餐，偶尔自己做饭但只做简单的蔬菜和汤。

常用微波炉来加热的食物有米饭、剩菜、面食、牛奶、外卖的西餐等。

以下是 Tom 夫妇的一些描述。

"我们很向往健康、慢节奏的生活，但往往由于各种限制过着快节奏的速食生活"。

"购买微波炉是亲戚朋友推荐的，毕竟人家是使用过的，有生活经验"。

"白色的与厨房的风格很契合，显得干净"。

"家里的冰箱放的都是父母从家里带来的菜，以荤菜居多。素菜就在附近超市购买"。

"听说欧洲人已经不用微波炉了，是吗？"

Tom 夫妇对微波炉在使用过程中产生的微波辐射存在恐惧心理，担心微波炉对人体的损

害和对食物的破坏（见图5-46和图5-47）。他们还担心食物在加热过程中微波炉炸开带来的伤害。（见图5-48）

图5-46　特征用户家中的微波炉　　　　图5-47　微波辐射　　　　图5-48　微波炉炸开

5.3.2　互动交流阶段

1. 头脑风暴

依据上面的调研资料，小组成员进行了针对微波炉的头脑风暴，找出与微波炉相关的设计接触点。（见图5-49）

最后通过总结得出，微波炉功能方面的生存之本是快速加热，需要展现给消费者的心理感觉是形态、操控、审美、安全的综合考虑。

2. 人机环境分析

（1）环境

厨房作为现代家庭生活中重要的一部分，构成了自己独特的系统。每一件产品在完成它自己的本分功能以外，与其他产品是相互呼应的，它们共同构建出完整的厨房环境。（见图5-50）

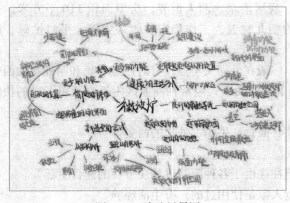 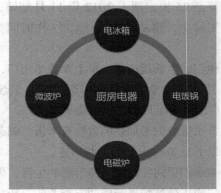

图5-49　头脑风暴图　　　　　　　图5-50　环境分析

（2）性别分析

现代家庭中的厨房有各种各样的电器，它们丰富着我们的生活，使我们的烹饪更加方便和健康。微波炉作为众多厨房用电器中的一种，必然要与厨房的中其他家用电器在风格和造型上要协

调一致。因此，我们小组将这些家用电器分为男性和女性，在设计上考虑不同电器之间的"性别"搭配。（见图 5-51）

（3）情节定义

下面是小组成员所做的关于目标特征用户的使用微波炉的情节定义。通过情节定义使设计师具有用户的同理心。

谁：Tom，从事 IT 工作。

做什么：需要一个能方便加热饭菜的厨房空间。

为什么：目前的微波炉操控复杂也不太便利，Tom 个子很高而且还是个左撇子，他对于专门为右撇子设计的微波炉布局不习惯。

怎么样：最好是下拉门，操控面板最好朝向上方。

什么时候：每天下班回家后。（见图 5-52）

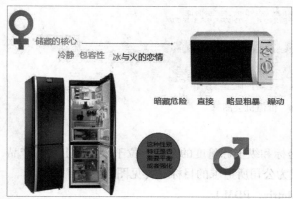

图 5-51　性别分析图

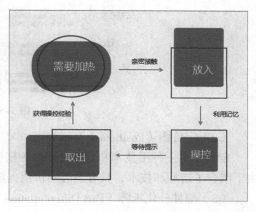

图 5-52　情节定义图

3. 分析模型

（1）价值机会图（Value Opportunities,VOs）

价值可以被分解为能够支持产品的可用性、易用性和被渴求性的各种具体的产品属性，正是这些属性把产品的功能特征和价值联系在一起。

产品为用户创造了某种体验，体验越好，产品对于用户的价值越高。理想的情况是产品通过更加愉悦的方式帮助用户解决了某个问题或完成某项任务，从而实现了一种梦想。

下面小组成员从情感、美学、特性、人机工程、影响力、核心技术和质量这些方面分析我们的设计机会。（见图 5-53）

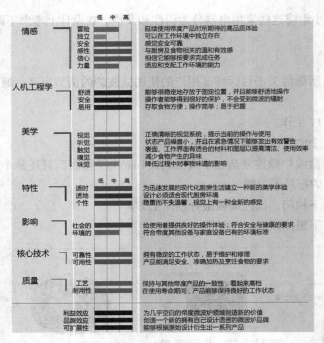

图 5-53　价值机会图

（2）定位图（Positioning Map）

定位图是一种用技术和造型分别作为横坐标和纵坐标量度的图表。位于象限右上角的产品，由于结合了造型和技术，具有显著的价值，成为公司所追求的目标。（见图 5-54）

（3）部件分化矩阵（Part Differentiation Matrix，PDM）

一种将产品零件盒组建归类的策略。通过分析各个零部件对用户生活方式的影响力以及零部件本身的复杂程度来决定哪些零部件更加需要整合不同的专业领域来进行设计开发。（见图 5-55）

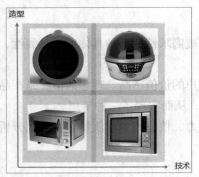

图 5-54　产品定位图

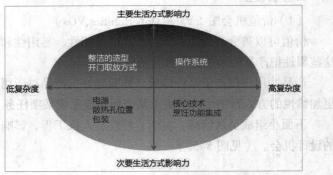

图 5-55　部件分化矩阵图

4. 界面设计

（1）界面设计原则

根据小组讨论，定下我们这次微波炉界面设计的原则是：

① 一致性；

② 提供线索；

③ 可以被学习；

④ 容易被预测；

⑤ 给予回馈。（见图 5-56）

（2）界面设计

首先，我们小组对现有的微波炉界面进行调研。（见图 5-57）。通过对现有微波炉界面进行调研和分析，我们小组设计了如下简洁易懂的操作界面：（见图 5-58）

图 5-56　界面设计原则

图 5-57　现有界面

图 5-58　界面设计

5.3.3　设计实施阶段

通过上面两步的调研和分析，我们小组成员对帝度微波炉的设计有了明确的定位和理解。下面进入了设计的具体实施阶段。

1. 设计语言

图形和线条是设计的基本语言之一。我们小组希望通过对目前一些产品和建筑造型语言的提取，为我们下一步的微波炉的造型设计语言奠定基础。

（1）U形线条探索

U形线条设计语言常见于一些高端精密的电子产品中，它能很好地诠释电子产品的优雅感和科技感。（见图5-59和图5-60）

图5-59　设计中使用U形语言的产品

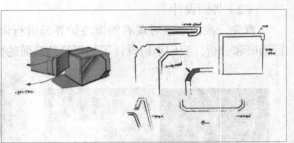

图5-60　使用U形语言的设计草图

（2）三角形探索

三角形设计语言常见于一些需要稳定和支撑的产品结构中。三角形本身具有稳定性，通过三条边和角度的变化，可以产生许多丰富的效果。（见图5-61~图5-64）

图5-61　设计中使用三角形语言的产品

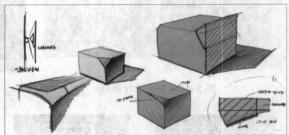

图5-62　使用三角形语言的设计草图1

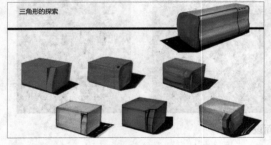

图5-63　使用三角形语言的设计草图2

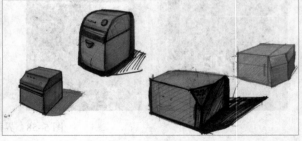

图5-64　使用三角形语言的设计草图3

（3）圆球形探索

圆球形的线条给人以饱满、圆润和流畅的感觉，将它与电子产品相结合，既能突出电子产品的科技感又可以拉近这些电子产品与使用者的关系，避免产品过高的科技感将用户拒于千里之外。（见图5-65 ~图5-67）

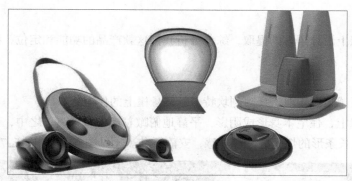

图 5-65　设计中使用球形语言的产品

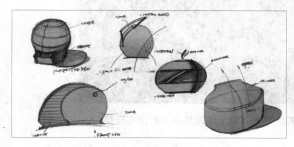

图 5-66　使用球形语言的设计草图 1

图 5-67　使用球形语言的设计草图 2

（4）设计语言建筑形态探索

建筑是技术与艺术最紧密结合产物，将从建筑上提取的造型元素融入产品设计中可以使产品技术感与美感并存。（见图 5-68~ 图 5-70）

图 5-68　经典建筑的外形

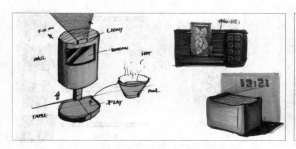

图 5-69　使用建筑造型元素的设计草图

图 5-70　使用建筑造型元素的物品及设计草图

2. 设计方案

根据小组对以上设计语言的提取，综合分析我们这款产品的功能和定位，我们小组提出了三套设计方案：平衡、冰与火、升波。

（1）平衡。

这套方案的灵感来源于西班牙阿利坎特卡尔佩悬崖上的住宅。

阳光下，悬崖上，住宅本身形成阴影，平静地俯瞰着地中海；夜幕之中，建筑展现出与白日截然不同的感觉，长条形的灯光极富存在感，安静平和。（见图5-71和图5-72）

图5-71　阿利坎特卡尔佩悬　　　图5-72　阿利坎特卡尔佩悬崖上的住宅夜景
崖上的住宅日景

这款设计的具体方案追求简单平衡的美感，对以往的布局做了重新的调整，将大部分的原件置于上方，使用户在使用时始终与对象正对，同时通过内部结构的处理，让使用微波炉的过程更加明了开放，并使空间上更有效。（见图5-73和图5-74）

 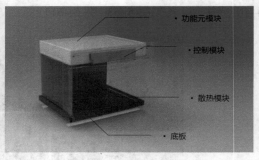

图5-73　平衡设计方案　　　　　　图5-74　模块透视图

整个微波炉由功能模块、控制模块、散热模块和底板四部分（见图5-75）组成。下面的细节图详细分析了有关部分的功能。（见图5-75～图5-79）

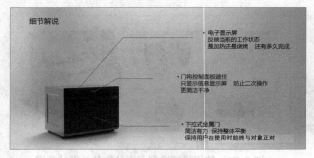 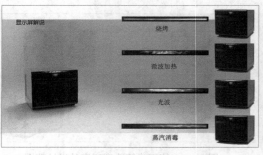

图5-75　细节解说图　　　　　　　图5-76　显示屏解说图

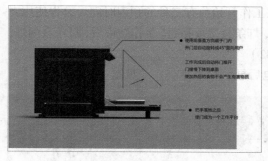

图 5-77 微波炉门处于开放状态图（侧视） 　　　图 5-78 微波炉门处于开放状态图（透视）

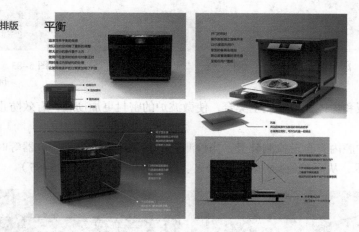

图 5-79 平衡排版图

（2）冰与火。

这款方案的造型灵感来自下图中的建筑，其具有冷静而不冷酷，纯洁中带有锐利，变化之下又不失稳定的造型特征。（见图 5-80）

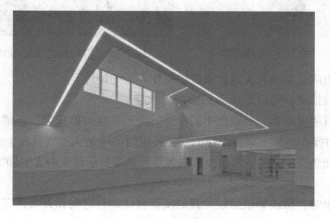

图 5-80 冰与火灵感来源

这款微波炉的名字为"冰与火"。它纯粹的几何造型以及象征着高端品质的商务灰和金属的质感，就像一块冷峻的被切了一角的冰块。微波炉的作用和功能使其具有火的某些特征。冰与火的撞击，形成了"冰中火"的有趣现象。（见图 5-81）

在微波炉上，有六条贯穿炉体的 LED 灯条，在工作开始前有三秒的预闪时间，警告使用者远离工作区，以避免微波辐射。在微波炉工作过程中，灯条会持续亮起。工作结束后，灯条会闪烁，并伴有警示声，以提醒使用者取走食品。（见图 5–82）

操作界面位于三角区，采用全触屏的界面，通电后显示 LED 字体。（见图 5–83）

图 5–81　冰与火　　　　　　图 5–82　"冰与火" LED 灯条　　　图 5–83　"冰与火" 的全触
　　　　　　　　　　　　　　　　　　的警示　　　　　　　　　　　屏操作界面

微波炉门板和炉体的斜面完全契合，使微波炉的密封更加彻底，有效防止微波泄漏。（见图 5–84）

微波炉的炉腔内有自动检测装置，当检测到有禁忌放入的食品、容器等时，会在内部面板上通过 LED 灯显示，从而避免微波炉腔内着火、爆炸等事故。（见图 5–85）

 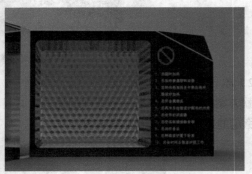

图 5–84　"冰与火" 的斜面契合　　　　图 5–85　"冰与火" 的启动检测功能

下面是我们小组成员对冰与火这款微波炉操作界面的设计。

①显示屏为全触摸屏，通电后显示 LED 灯光文字。

②设计灵感来自手机界面，简洁但不简单，分为第一级菜单、第二级菜单……使操作更有秩序性，避免用户面对操作面板上繁多无序的功能按键时的手足无措以及发生误操作的问题。

③在选择微波加热或解冻时，界面会根据食品质量等显示建议的火力和时间，配合手动微调，让使用者全程无忧。

④选择智能菜单时，微波炉根据检测到的质量自动调整时间和火力，完全一键式操作。（见图 5–86 ~ 图 5–88）

图 5-86　冰与火界面初始状态

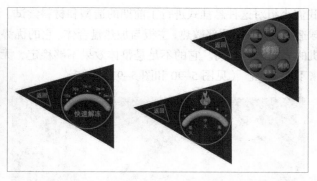

图 5-87　冰与火界面展示

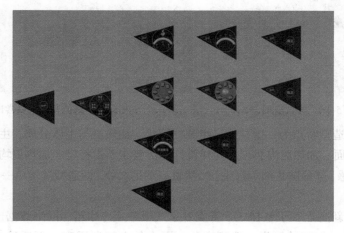

图 5-88　冰与火分级界面展示

（3）升波

这款微波炉的造型灵感来源于挪威 JOTUL 公司的新产品 F470 系列独立式燃木壁炉。该产品斩获红点奖。燃木壁炉通气用的管道给予设计师移动的灵感，结合微波炉的特点，充分考虑与人亲近的意味，设计师做出了这款升波。（见图 5-89）

图 5-89　灵感来源

我们小组对这种悬挂式进行了前期的造型和材料尝试。设计的整体造型为悬挂式，球形内舱，以气球造型为原型，顶部散热，主板与加热盘合体。它的优势是良好的散热能力，完全创新的造型，较人机的界面节约空间。它的不足是整体效果不够稳定，无法加热用大盘子盛放的食物，高空加热带来不安全感。（见图5-90和图5-91）

图5-90　尝试造型　　　　　　　　　　图5-91　升波其他材料尝试

最后确定它的造型特点为：壁挂式、半圆柱筒状、加热盘与主体分离、主板和界面在上方、加热可视、触屏界面、加热舱内肌理。这样设计的优势在于更稳定、加热更均匀、界面可隐藏更多内容、给人安全感、屏幕防止油烟污染。当然也有不足之处，即造型过于单一、空间利用率低下。（见图5-92）

这款微波炉的新亮点在于壁挂式、智能管家式服务（与冰箱、网络数据连接）、侧面散热、墙壁投影更多显示、加热舱可视、造型变化、更大的空间利用率、更低的成本。（见图5-93和图5-94）

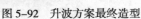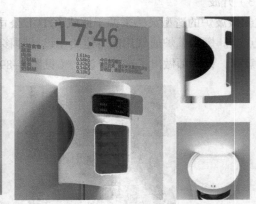

图5-92　升波方案最终造型　　　　　　图5-93　升波方案亮点展示

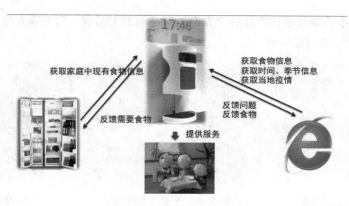

图 5-94　升波方案智能管家式服务

加热板降到桌面平台上更易取放食物，黑色白色容易搭配，形象颜色令人亲近，充分利用周围环境并节约空间。（见图 5-95）

图 5-95　升波使用情境图

3. 模型制作

模型是展示设计师想法的一项重要手段。要制作一个好的模型涉及到许多的因素。下面我们将从材料、工程视图和草模三方面来说明一下我们的模型制作过程。

在材料方面，我们微波炉主体部分选用了不锈钢，其他透明部分为微晶玻璃。（见图 5-96）

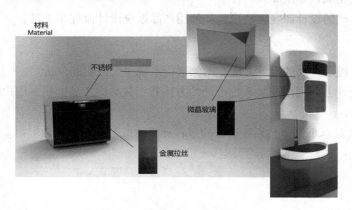

图 5-96　模型制作材料

工程视图能够准确地展示出产品各个方面的尺寸和加工标准，为工程人员加工制作产品提供技术支持。（见图5-97~图5-99）

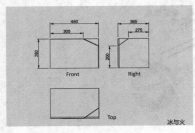

图5-97　冰与火工程制图

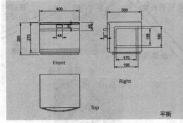

图5-98　平衡工程制图

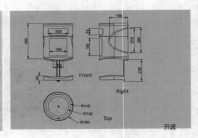

图5-99　升波工程制图

根据要求，进行了如下的草模制作。（见图5-100和图5-101）

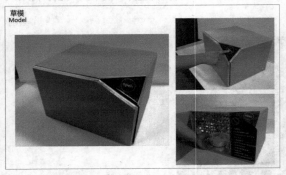

图5-100　冰与火草模

图5-101　传动装置草模

思考题

应用产品系统设计的方法来设计一款3C产品（创新设计和改良设计均可）。

作业要求

1. 以小组形式完成，每组3人。
2. 要求根据自己的设计课题灵活调整和使用产品系统设计流程和工具。

作业内容

1. 小组分工，确定产品的设计方向。案例进行系统设计流程的分析。
2. 根据产品设计方向利用产品系统设计的方法和工具完成产品调研、用户分析、原型制作等产品系统设计流程。
3. 以PPT形式对本小组产品系统设计的过程和最终成果进行展示和汇报。

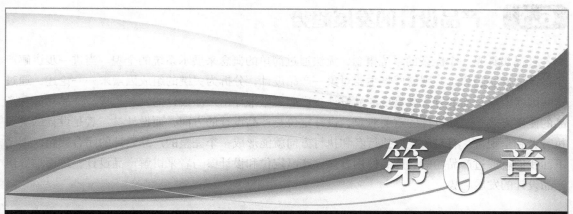

第6章

产品系统设计发展趋势

 本章要点

　　本章主体内容分为三节，主要介绍产品设计的发展趋势、产品系统设计的核心走向和持续推动产品系统设计的发展。产品设计的发展趋势是综合梳理前面章节后确立的前瞻性认识，产品系统系统设计的核心走向是对趋势的一种核心提取，持续推动产品系统设计的发展是对本书论述理论的一种提炼和展望。

学习目的与要求

　　本章是对全书内容梳理后的前瞻性结论的展示，对前瞻趋势的推导性论断，要求学生必须理解推导出这种趋势的理论基础，即前面章节的理论论述，并能够进一步认识趋势的发展方向，以便能够在不断变化的设计环境中灵活的运用产品系统设计相关理论为设计服务。

6.1　产品设计的发展趋势

产品设计是一个庞杂的系统概念，无法通过简单的概念来展示系统的全貌。当进一步讲解产品设计的发展趋势时，则需要将主要对象——产品设计，分拆为关键的组成因素来——论述，通过这些因素由点及面的方式来呈现产品设计，进而总结推导出产品设计的发展趋势。产品功能和产品的使用方式是产品设计的重要对象，设计定位是产品设计的方向，而设计参与者是设计的主要执行者和呈现者。有对象，有执行者和执行方向就能形成一个完整的产品设计的闭合回路。那么下面我们就通过产品功能、产品使用方式、产品定位和设计参与者来讲解产品设计，进而推导出产品设计的发展趋势。

6.1.1　产品功能走向综合化、网络化、智能化

1．综合化

产品功能综合化即扩大同一产品的功能覆盖范围，将多个产品的功能糅合到同一产品中。例如，集收、录、唱、视于一体的组合音响或家庭影院系统，多功能多媒体计算机。

从产品的内部系统来看，在经济、技术迅猛发展的今天，人们对产品的功能需求也不断增加，"功能"逐渐成为产品系统设计中应考虑的重要元素。诺基亚（NOKIA）1000（如图6-1所示），在功能上比较单一，除了打电话和发短信，几乎没有其他附加功能。苹果手机iPhone5（如图6-2所示），除去传统意义上手机的功能外，集成了生活娱乐和在线办公等诸多功能于一体，完全可以定义为一款掌上电脑。两款手机，一款低廉实用早已退出舞台，一款价格高昂功能紧跟时代潮流，稳占手机市场的王者地位，无需多言价格和市场地位也向我们证实了功能综合化对于手机是多么的重要。

图6-1　诺基亚（NOKIA）1000

从产品外部系来看，产品功能综合化更要处理好人类不断发展与空间、环境之间的关系。将多种产品功能集合到同一种产品中能够大大降低生产材料的消耗，进而减少产品的生产成本，降低加工的加工方式难度，当然这一切都是以技术发展为前提的。将多种产品集成为一种综合化的产品对于运输空间和使用空间也是极大的节省，特别是对于我们这个越来越拥挤膨胀的世界。从用户的角度来说这种集成化也降低了他们在使用产品过程中的学习成本，毕竟学习使用一种产品要比面对一堆产品要容易的多。例如，惠普LaserJet Pro M1216nfh黑白多功能激光一体机（如图6-3所示），它集成了打印、复印、扫描、收发传真等功能于一身。借助符合能源之星标准的多功能一体机，削减成本、节省能源，这种打印机，无论是家庭使用还是办公使用，都是首选，因此很受消费者的欢迎。

综上所述，产品功能的综合化无论是在产品内部系统中还是在产品外部系统中，都有重要的意义。因此，产品功能综合化是未来产品系统设计的发展趋势之一。

图 6-2 苹果 iPhone5 手机

图 6-3 惠普 LaserJet Pro M1216nfh 黑白多功能激光一体机

2．网络化

在产品系统中，产品的各种功能越来越借助于网络化的手段来实现，这主要得益于不断进步的网络技术所带来的便捷。在产品系统设计的发展过程中，产品的主要功能没有发生太大改变。但是，实现产品功能的方法和途径发生了巨大的改变。例如，电饭煲的主要功能是蒸饪，而美的（Midea）FZ4015 智能电饭煲，不仅具有其他电饭煲常规功能，还具有 24 小时网络预约功能。用户可以上班前准备好晚饭，下班就可以享用了，减少了做饭等待的时间。苹果（Apple）MC377FE/A 遥控器 Apple Remote 能让你在房间的任何角落控制你的音乐、照片和 DVD。它与 Front Row 合作——一个基于菜单的全屏界面——使得访问你的数字内容就像浏览你的 iPod 一样容易。当你按下菜单键，你的桌面会弹出简洁的 Front Row 界面，它会占据原来的桌面，让你能控制 iTunes 中的音乐、iPhoto 中的照片、电影文件夹中的视频和你的 DVD。而这一切的实现都得益于网络化，我们整个世界似乎都被连接在一个巨大的网络上，而网络化的产品也真正的给我带来巨大的便利。

另外一个网络化的产品杰作——智能电视。传统电视接收机是接收电视广播的装置。由复杂的电子线路、喇叭和荧光屏等组成。其作用是通过天线接收电视台发射的全电视信号，再通过电子线路分离出视频信号和音频信号，分别通过荧光屏和喇叭还原图像和声音。传统电视有黑白电视机和彩色电视机两种。用户可旋转电视机的按钮实现频道的切换，电视接收的节目也很少。发展到后期电视机配上了遥控器，用户可以方便的通过按键实现节目的切换，遥控器的出现大大地方便了用户的操作，但是与现在的智能电视相比还是显得逊色。与传统电视相比，夏普的一款电视以网络化为主。其可以通过连接一根网线实现百事通海量点播功能，免除了传统电视的外接设备如 DVD；享受百事通的新闻、体育、影视、音乐等服务，并通过遥控器实现上网的功能。

从产品的发展历史轨迹来看，21 世纪是互联网的时代，尤其是移动互联的时代，移动互联网的飞速发展已将人类带入了网络时代，而我们都好似在同一个网络上共舞，这也就不难理解为什么我们的产品越来越网络化了。

3．智能化

虽然 3D 打印、数字化制造、智能制造技术尚未成熟。但在设计、复杂和特殊产品生产、智能化服务等方面均已显现其独特优势。

越来越多的工业机器人在生产加工中的运用，不仅可以完成某些过程复杂、耗时耗力的标准化生产流程，而且有利于解放劳动力。工业领域的一部分研发人员和制造工人，不再考虑如何制造，而要多考虑制造什么，从而提高企业的研发能力，提升劳动的层次和价值。

二维打印机已经走入到寻常百姓家里，可方便地实现图形和文字信息的交流和打印。伴随着三维打印机技术的发展以及新材料的发展，产品的成本必然会降低，价格上也会为人们所接受，那时真正意义的三维打印机将不是小众人的专利，也不再停留在科研院所和高校里。比如远方的朋友制作了一个泥人，可以通过三维的打印机直接打印出来，从而实现真实物品的交流，而不仅仅是图片、文字的沟通。

从技术的发展的趋势来讲，工业生产的自动化程度会越来越高，逐渐地生产就可以实现智能化，虽然在短期内 3D 打印机和机器人都不可能完全取代传统的数控机床以及工业流水线图（图 6-4 所示为一汽大众汽车生产线），但是从长远来看，生产的智能化、数字化将成为产业升级的关键。

图 6-4　一汽大众汽车生产线

6.1.2　产品的使用方式深入人类的感官方式

在产品的系统设计里，无论是使用者还是设计者，对产品的使用方式的重视程度都在逐渐地增加。这个主要体现在用户的感性需求上。体验设计是以顾客感性需求为设计目标，通过生动有趣的产品来营造更为完善的用户感受。

通过声音和光线的强弱来实现对灯的控制已经很常见了，使用语言来实现对机器的操作也不罕见了。例如，iPad 可以通过长按"Home"键启动 Siri 来实现对 iPad 的语音操作。如果感觉这些产品的使用方式还不过瘾，那么使用手势来控制和操作产品也许会能激发人们的兴趣点。例如。Microsoft 公司推出的 X——box 体感游戏，将平时屏幕里的游戏转移到现实中来，大大增加了人们的体验度。

未来，人们将通过更加前卫的交互方式使用产品。现在以 google 眼镜为例，（如图 6-5 所示）这是一款神奇的眼镜，它将我们带到了刚刚起步却异乎寻常的增强现实型穿戴式计算机时代。Google 于 2012 年 4 月 5 日正式发布一个叫"Project Glass"的未来眼镜概念设计。这款眼镜将集智能手机、GPS、相机于一身，在用户眼前展现实时信息，只要眨眨眼就能拍照上传、收发短信、查询天气路况等操作。这个项目来源于

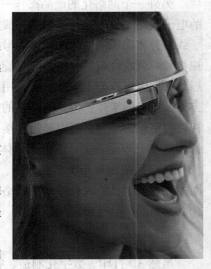

图 6-5　"ProjectGlass"眼镜

Google 最秘密的 X 实验室团队。根据其演示视频，通过眼睛对各种功能进行选择，但是具体实施是通过语音来控制，这显示出 Google 的语音技术也比较成熟。

今天的社会生活中有许多"智能系统"。我们有智能洗衣机、智能洗碗机、智能吸尘器等产品，无论它们是否真的智能，但是他们确实能在传感器能够感知的范围内做到智能化。机器的传感器不仅仅是有限的，而且他们同人类感知的事物也有所不同，心里感知和实际的感觉并不相同，所以这还不算是真正的深入人类的感官方式，未来的产品将会和它的用户实现交互，正如唐纳德·诺曼在其《未来产品的设计》一书中所讲到的两个场景：

"亲，不要再吃鸡蛋了，除非你的体重下降了，脂肪含量下降了，要不然就不能吃鸡蛋，电子称显示您还是偏重的，您至少还需减去 3kg 体重。你在各家医院的数据都将反馈到我这里。我这可是为您着想，请您谅解。"

"我刚检查您的日程安排，您的时间比较充足，所以我为您安排了可以欣赏优美风景的路线，有您比较喜欢的崎岖的山路，而非平坦宽阔的公路，根据您往常的习惯，您应该喜欢的，而且我还为您挑选了几首当地的民歌，查找了些当地的民俗资料，和当地的特产，"这些是我们将来的产品对其用户说的。

另一个例子就是嗅觉电视。2013 年 4 月 3 日，据台湾"中央社"引述英国"每日邮报"(Daily Mail) 报道，数十年来，"嗅觉电视"(Smell-o-vision) 只是棒透了的科幻想像，不过日本的超精密系统有望让嗅觉电视走进消费者的客厅。日本东京农工大学研究团队研发出"嗅觉屏幕"，让显示器能飘出与节目内容相应的气味。"嗅觉电视"并不是新概念，娱乐科技产业过去 50 年就希望开发这类电视。研究人员说，这项发明是全新的嗅觉显示器，能在二维屏幕散发出与节目内容相应的气味。"新科学家杂志"(New Scientist) 解释，这套技术将气味送入屏幕四个角落发出来的气流，让气味飘散在显示器表面。这套技术利用风扇改变气流强度和飘散方向，让气味飘向屏幕特定位置，让观众产生气味是从电视飘出来的错觉。例如炸鸡出现在屏幕左上角，这里就会有炸鸡的气味。现阶段，这套系统 1 次仅能发出 1 种气味，但研究人员说，他们下一步希望利用类似打印机墨盒的东西，更轻易地变换气味。

在物质产品设计中，我们还要注意到产品接触人类感官——视觉、听觉、嗅觉、触觉和味觉的顺序，有些产品首先在视觉上引起客户的注意，其次才是触觉，接下来才是其他感官。例如，超市里的烤面包，首先是在视觉上引起消费者的注意，其次才是嗅觉、触觉、味觉等感官。那么烘培面包的机器在设计的时候就要首先考虑到要烘焙出能够引起人们食欲的面包，因为只有首先引起人们的视觉器官才能引起接下来的感官对面包做出反馈。

通过上面一系列的例子可以发现产品的使用方式正在趋同于人类的感官方式，这是重视用户体验的必然要求，趋同于人类感官方式的产品使用方法能减少用户的习得成本，能够更加随心的使用产品。趋同于人类感官方式的产品是对人性的解放，将人适应产品的时代带入产品适应人的时代，是产品设计发展的必然趋势。

6.1.3　设计定位走向个性化、差异化

产品系统是由以一定结构形式连接构成的具有某种功能的有机整体，在系统内部，差异化和个性化大致可以分为两类，一类是功能的差异化与个性化，另一类是造型的差异化与个性化。功能的差异化、个性化是指对产品的功能、效果、性能等有多样个性的需求；造型的差异化、个性

化是指人们对产品的形态、颜色等有差异化、个性化需求。

随着人类生产力的提升，市场经济的环境下，商品种类日益丰富。人们对商品有了更多的选择，有更多可以被满足的需求，产品需求也自然就呈现出了差异化、个性化的趋势。使用者对产品的功能和造型的个性化需求在不断的增加，个性化能给消费者提供更加满意的、有用的、不同风格的以及不同规格的产品，因此，企业要以个性化的产品来满足不同消费者的需求。

1. 个性化

价值多元化的社会，个性化会有巨大的市场。人们希望通过自己使用的产品来彰显自己的个性、喜好、人生追求，甚至价值观。个性化是设计师和生产者需要好好把握的一个商机和趋势。

现在在市面上的产品设计过于的同质化，尤其是国产的商品，唯有通过差异化的市场策略和设计手段，通过细分市场才能拓展产品设计的空间，才会获得更大的市场份额。尽管全球很多的跨国公司（如苹果公司、三星公司、索尼公司）都在做手机，但是全球第一部个性化定制手机却是青橙手机（见图 6-6）。很多厂商只满足了用户的共性需求，但是个性化的需求却不容易满足。例如，有的用户是时尚达人，这些人群对手机的相机、显示屏的要求就很高，相对的内存，CPU 的要求可能就没那么高了。弹性的制造系统，由厂商来完成生产，在保证产品质量的同时，也保证了产品的个性化。

图 6-6　青橙 N1 手机

2. 差异化

差异化可以给用户带来更多的选择，能够给用户提供更加满意的、有用的、不同风格以及不同规格的产品。

从企业的角度来看，只有实行差异化战略，做差异化分析，迎合用户新的需求，才能避免过于激烈的同质化的商品市场竞争，为企业的发展带来先机。企业要力求自己的产品或服务在行业内独树一帜，有一种或多种特质，从而赢得用户和市场，取得高于竞争对手的收益。

从市场的角度来看，产品是用来满足用户需求的，其意义不在于它本身的性能而在于用户的需求，形成产品的差异化可以从多个角度进行研究，比如造型、品牌、质量、设计、功能等各方面。可见使产品设计差异化的途径也有很多，但是归结起来主要有三种，第一，功能创新；第二，改善性能；第三，度身定做。

（1）功能创新

这种创新具有能满足从未出现的需求的能力。比如 EdwinLand 发明了一种即时摄影成像技术，它满足了人们在拍照后能马上看到相片的需求，于是出现了宝丽来。功能创新可以获得竞争上的差异化的优势。

（2）改善性能

从产品的外部系统来讲，产品要处理好与环境、社会的关系。设计中不同地区的人们有不同的信仰，不同的文化背景，消费者也有不同的消费理念，为了使我们的设计能更贴近用户，更符合当地用户的需求，就必须因地制宜地进行产品差异化设计，各个地区差异性决定了产品设计的差异性。

海尔空调的设计就是改善性能的典型案例。巴基斯坦夏天漫长，非常炎热，大部分地区中午的气温甚至超过50℃，而且风沙又大，因此，快速制冷成为了当地用户最突出的需求。另外，巴基斯坦是个经常停电的国家，电压不稳等情况经常发生。海尔空调很快给出了一套当地化的解决方案：一款具备强力快速制冷、高温低电压启动功能的产品。这款空调特别对制冷系统进行了优化匹配，能够在最短的时间内满足当地用户对室内温度的需求，达到迅速制冷、瞬间降温的效果。而随着巴基斯坦冬天的到来，北方地区最低温度会降到0℃，在大多数品牌只关注产品快速制冷功能的时候，海尔空调又很快抓住这一需求，推出了差异化的制热产品方案，受到越来越多北方用户的青睐。据了解，目前在当地所有的空调品牌中，只有海尔空调一家提供了能够制热的产品，其同规格的产品售价要远比当地品牌高出 10% ～ 15%。海尔空调除了满足巴基斯坦当地需求外，还出口到阿富汗等中南地区。

（3）度身定做

这是产品走向差异化的最高形式。产品生产针对每个用户群体甚至每个人的不同需求，而量体裁衣，度身定做，使顾客的需求得到了最大满足。

海尔公司针对日本传统的木结构住宅较多，很多主妇都将衣服集中在晚上清洗的习惯，推出的静音洗衣机（见图6-7），彻底解决了夜间洗衣噪音大的问题，产品噪音分贝相当于图书馆的平均噪音。针对新生活群体注重洗衣机的洗净效果和快捷方便的特点，海尔推出了快捷高效洗净的 Smart 系列洗衣机，受到新生活群体广泛青睐。

图6-7　海尔静音洗衣机

6.1.4　设计参与者大众化

随着人们生活水平的提高以及新材料、新技术的进步，设计已经不再是设计"精英的专利"，在一定程度上设计已经走出了实验室和工作室，走向普通大众，缩短了与普通大众之间的距离。另一个因素是人们的素质和科学文化水平的提高，人们动手能力和思考能力的提高，为参与到设计中提供了条件。同时人们对个性的追求也在不断的提高，为了得到自己心目中更满意的产品，普通大众便开始动脑动手参与到设计中了，因为没有谁能比用户更了解用户。

在北欧，民主思想是北欧设计的本质，北欧是现今世界社会福利制度最完善的地区，社会民主主义思潮反映在设计上，便是设计的大众化、平民化、全民族设计水准的高水平化三方面的特点。社会富裕但是财富分配比较均匀，民主思想深入人心，天寒地冻的地理位置，使这种民主思想在产品设计、家居设计和建筑设计中达到颠峰高度。无论是产品设计还是家居设计均围绕这个中心展开，创造一个温馨、舒适、自然、和谐的家是人们最高的追求。他们做到了人人参与设计，人人都是设计师，北欧设计也得到享誉世界的地位，以"斯堪纳维亚设计"著称。

设计参与者的大众化，将设计模式引向了参与式设计。参与式设计模式下，为了对用户做更深入的研究，通常会把用户引入到设计过程中，观察、了解用户的思维模式，使用产品的方式。让用户自己动手画一些原型，掌握用户的心智模型。由此可见，我们的用户角色发生了改变，从传统意义上的产品的使用者的角色转变到参与设计过程当中来了。

设计大众化的发展趋势推动着社会的设计水平的发展，社会整体设计水平反哺着社会大众的设计水准，这是一个良性的协同系统。设计参与者由专职设计师转向大众化的趋势必然也催生着

产品设计系统做出相应的调整，产品设计系统必然需要考虑设计参与者在整个系统中的角色定位和戏份。

6.2 产品系统设计的核心走向

从第一节产品设计的发展趋势中可以看出无论是产品本身的变化还是设计参与者的变化都是在围绕着人在进行，当然这一切的变化都是为了更好地服务于人。随着人类生产力水平的发展，提升服务水平是社会发展的必然，这也就不难得出服务设计会成为未来设计的一个集中走向的结论。

自然环境是人类享受的服务的一部分，随着人类长期以来的无节制掠夺，环境日渐脆弱，因此环境将会是设计过程中要着重考虑的一项因素，以期通过设计减少环境的负担，最终使人类获得更好的服务。

下面我们就通过服务设计和可持续设计来讲解产品系统设计的核心走向。

6.2.1 服务设计

服务设计是有效的计划和组织一项服务中所涉及的人、基础设施、通信交流以及物料等相关因素，从而提高用户体验和服务质量的设计活动。服务设计以为客户设计策划一系列易用、满意、信赖、有效地服务为目标广泛地运用于各项服务业。服务设计既可以是有形的，也可以是无形的；客户体验的过程可能在医院、零售商店或是街道上，所有涉及的人和物都为落实一项成功的服务传递着关键的作用。服务设计将人与其他诸如沟通、环境、行为、物料等方面相互融合，并将以人为本的理念贯穿于始终。

简单来说，服务设计是一种设计思维方式，为人且与人一起创造与改善服务体验，这些体验随着时间的推移发生在不同接触点上。它强调合作以使得共同创造成为可能，让服务变得更加有用、可用、高效、有效和被需要，是全新的、整体性强、多学科交融的综合领域。

服务遍布在生活的每一个角落：餐馆、酒店、公共场所、商店、银行、保险公司、文化机构、大学、机场、公共交通……随着社会的发展，人们的消费预期不断提高，使得一些现有的服务设施与服务系统不能满足消费者的需求。毫无疑问，人们从来没有像现在这样关注他们所接受的服务。消费者在售前、售中、售后获得的体验决定着一个品牌和企业的整体品质在消费者心中的地位。消费者可以在几分钟内对他们使用的任何东西——产品及服务，做出评估和比较。在这样的世界里，公司要为它们的行为和所提供的产品承担比以往更多的责任，也要对他们所传递的服务予以特别的关注。因此，在服务领域应用设计的技术是十分必要的。这样可以有效地提高品牌和企业的整体形象，使消费者对服务产生更大的满意度。通过品牌知名度和整体品牌形象的提升，更多的商业机遇和投资合作也会随即而来。另一方面，服务设计能够帮助企业提高服务效率从而节约成本。从生态学的角度来说，服务设计对问题的服务化解决方案减少了有形产品在生产过程中对资源和能源的过度使用。企业能够更好的控制服务所提供的内容，并从中获得更多的回报。服务设计所适合的对象是所有提供服务的行业，其可以是有形的也可以是无形的；可以是饭店、学校、机场、医院、公共交通，也可以是手机、电视和网络。

案例：悉尼攀桥旅游

于 1932 年建成通车的悉尼大桥共有 12 个车道，跨度达到 503 米，拱部最高处距海平面 122 米。攀爬过程中，悉尼港和悉尼歌剧院全貌尽收眼底，在白天和多数夜晚，每隔 10 分钟就有一队由 12 人组织的攀登小组向拱顶出发。整个攀桥旅程历时 3 小时，由岩石区的大桥基座出发，沿指定路线攀登大桥后返回基座，而且在任何气候条件下都可以照常进行，只有出现雷电交加的天气才会例外。

在开始攀桥前，训练有素的专业领队会向参加者悉心讲解攀爬技巧，并播放一段攀桥视频。正式攀桥前，参加者先通过模拟器熟悉攀桥技巧，每位攀桥者需穿上一件特别设计的"攀桥装"全副武装开始惊心动魄的攀桥旅程。攀桥领队配备有最先进的数码摄影设备，确保捕捉到每位攀桥者登上桥顶的精彩镜头，随团并附送一张团体照。当然，并不是任何人都可以参与攀桥，儿童需年满 12 岁，孕妇不允许攀登，攀登者还不得酗酒，必须接受和驾驶员一样的呼吸测试，以确保血液里的酒精没有超标。但是，攀登这么一座桥的价格可不菲，需要 98 澳元。

现在无论在西方的欧美国家还是在东方的日本、韩国等发达国家，经济社会的发展都是基于服务的经济。市场的嗅觉是敏锐的，服务经济正在获取越来越多的市场份额，具有巨大的市场。对应的服务设计必然会成为一种趋势，产品系统设计想要紧跟时代的步伐就必须去适应服务设计，这正是产品系统设计的趋势所在。

6.2.2　可持续设计

所谓可持续设计是一种构建及开发可持续解决方案的策略设计活动，综合考虑经济、环境、道德等社会问题，以思考的设计引导和满足消费需求。可持续设计源于人们对现代技术文化引起的环境及生态破坏的反思，体现了设计师的道德和社会责任心的回归。在很长一段时间内，工业设计为人类创造了巨大的财富，为人们带来了便利的同时，也加速了资源、能源的消耗，并对地球的生态平衡造成了极大的破坏，所以设计师应考虑工业设计的职责和作用的时刻到了。

近些年来，人口和废弃物的迅速增长导致自然生态的严重破坏，环境恶化的阴影笼罩着全人类，人类不得不面对这越来越严峻的局面。

随着现代工业的迅速发展，由于过度生产所形成的各种人工物质、废弃物已经对地球造成了巨大的污染。气候变暖、酸雨、土地沙漠化、任意捕杀动物等事件在各地时有发生，人类与自然的关系被野蛮的割裂开来。与此同时人口的过度增长导致人类面临更大的环境污染以及全球变暖的痛苦，长此以往，地球将面临环境的崩溃。而环境资源的不合理分配，也会导致更大的环境危机，对于那些资源缺乏的国家将造成不可弥补的损失。

可持续设计是设计观念的又一次演进与发展。在产品达到特定功能的前提下，材料、能源在制造、使用过程中消耗得越少越好，产品在使用过程中或使用后对环境的污染越少越好。以快餐盒为例，通常设计中考虑到容积、人机尺度、码放、保温性和开启方便性，加之考虑造型、色彩等因素就可以做出一个好的设计，但从环境保护观念衡量，如果盒材使用后形成了白色污染，就不能算是好的设计。可持续设计是跳出产品、企业的小圈子，站在人类根本利益基点上全方位的设计观念。

对于工业设计来讲，可持续设计的核心是 3R 原则，即 Reduce、Recycle 和 Reuse，设计应该考虑合理使用材料，以最贴近自然、对人体无害、节省能源的材料满足产品功能的需要，以最少的用料实现最佳的效果。例如汽车，它不仅带给人类便捷舒适，也给人类环境造成了巨大的破坏。积极研制开发和推广使用"绿色"交通工具是可持续发展框架下交通运输变革的必然趋势之一。绿色汽车首先要求其使用的能源（如天然气、液氢、电和太阳能等）符合低污染和低排放的原则，还要求灵活运用可持续设计意识，即在开发设计过程中，每一个环节都要充分考虑到环境效益，尽量减少对环境的破坏，这包括尽量减少能量消耗、提高能源使用效率、使用新材料和新结构以降低物质消耗、便于零部件的回收利用、减少城市空间占用、提高交通通行率等。可持续设计不仅对汽车的生产技术有更高的要求，而且也对造型设计提出了许多全新课题。在汽车的可持续设计方面，欧洲国家走在世界的最前列，德国的奔驰公司提出了对汽车全生命周期的回收概念，即从汽车的设计开始就注重汽车的可回收性，生产和使用过程中产生的废弃物、废能和废液等全部回收，到汽车报废时还能拆解回收。奔驰公司的近期目标是包括塑料和废油液在内的整车回收率达到95%以上。瑞典的沃尔沃公司则与瑞典环境研究所联合开发了一种 EPS 系统，该系统包含汽车选用的各种材料，燃料从提炼、制造、使用到废弃全过程给自然环境带来影响的数据。这样，根据汽车的制造材料就可以很容易地算出每种汽车的环境载荷，以设计出最优的生态汽车。为了减轻汽车质量，研制塑料或玻璃纤维车身以取代钢板车身，可以增加燃料的行驶里程及减少装配成本，减少轮胎宽度从而减少摩擦，这也是省油的另一种方法。所以，在现在所制定的产品设计评价标准中，已把环保问题视为优良产品设计所应具备的条件之一。

环境问题是人类文明进程的一大挑战，我们必须解决好这个问题。从设计的角度来说我们需要找到对环境危害程度最低甚至无害的方式，这是产品系统设计必须融入的概念体系。

6.3　持续推动产品系统设计的发展

社会的变化与产品的发展是息息相关的，社会可持续发展的构成因素会不同程度地映射到产品构成中，就会形成产品系统前后发展的节点。密切关注社会各项发展事态，并从社会全局观上把握阶段节点。社会作为一个系统，其中的一些元素必定与产品系统设计相关联，它们的每一步转变都直接影响着产品可持续发展节点的设立，密切关注社会的可持续发展因素，是推进产品按序发展的基本保障。

时刻关注社会的可持续发展因素，形成支撑产品持续发展的动力，是产品借鉴外力面向未来的能动手段。社会构成中丰富的物质形态在展示人类发展状态的同时，从不同侧面暴露出有待解决的问题，直接关系着下一阶段的有序发展。现在人类面临的诸多问题，例如：人口老龄化，自然资源匮乏，土地沙漠化日趋严重，地区经济差距拉大等，必须通过合理的手段缓解由此引发的社会问题，产品的系统设计必须在当下设计有利于持续发展的有效内容，从能动角度推进有序发展。技能、环保、以人为本是持续发展的时代要求，产品设计以此为中心研究再续发展，在完善自身发展主题内容的同时，推动社会进一步向前发展。

与此同时，社会向前发展的推动力是不断产生的一个个热点，纳米技术的应用带来了新材料热点，流线型趋势的发展带来了新材料热点，带来了弧线风格的家用电器，生物工程技术的发展带来了保健产品，社会构成中某一领域的发展，都会对其他一些领域的变化发展产生影响，进而影响产品系统的下一个发展点。

产品系统内部的进步是以一个个节点延续下去的，依据本位构成的发展规律必须不断探讨下一个表现点。现在的汽车是以优雅的内饰和造型来表现，明天可能会以精致小空间为亮点。今天的通信载体以移动手机为主导，明天的通信载体也许就会将独立的通信手机淘汰。产品系统构成的可持续点建立在以往演变规律的基础之上并加以发展，寻找多个可发展的个性点，把产品的特色推到更高的层面。

综上所述，产品的可持续发展节点来自于时代界定下的社会观念、技术进步、构成状态、转移因素等，元素以点形式自然地形成设计的科学性，密切关注它们在每一时期、每一领域的生存、变化和发展，适时地把它们吸纳进产品系统设计思想中，努力以强烈的表现力展现出来。不间断按序推出的新产品，就是从这些节点上衍生出来的。

在产品系统表现中，产品的变化、发展主要体现在：与社会主流观念的兼容性，与以往产品构成的拓展性，与特殊目标开拓的吻合性。以这三点基准考量设计和表现的时代价值，能确保产品对社会层面的最大贡献。

思考题

运用一种设计理念进行专题设计。

作业要求：

1. 产品能够很好的体现设计理念。

2. 对该课题进行调研。

3. 绘制草图、效果图、尺寸图。

4. 提交设计报告。

作业内容：

1. A3 草图 5 幅。

2. 设计报告电子文件一份。

3. 设计调研报告、最终效果图、三视图。

项目市场调研计划书

——婴儿监护器市场调研计划汇总

调研小组成员：＿＿＿＿＿＿＿＿＿＿＿＿＿＿＿

年　　月

调研计划书
题目：婴儿监护器市场调研

一、调研目标

根据相关报道，我国每年新增人口在 1600 万左右，2012 年则达到一个高峰，达到 1900 万。现在都市生活中处在抚养子女角色的父母多为双职工，并且多是原来的独生子女一代，所以，在时间和经验方面对婴儿的照顾可能都有力不从心的状况，并且需要相关的产品来帮助他们更好地照顾婴儿。随着社会经济日益发展和人民生活水平的提高，越来越多的新晋父母在育儿方面的投入越来越大。而现在婴儿监护方面的产品的功能和品质良莠不齐，因此需要我们针对目前现有的婴儿监护产品和使用人群进行调研，发掘用户的隐性需求或者是现有产品的市场裂缝，为我们这款产品找到设计的切入点。

二、调研方案

1. 调查目的要求

主要通过调查问卷、观察法、文献调研、访谈法等手段对目前婴儿监护产品市场和用户进行调查，得到初步结果并进行深入分析，为我们婴儿监护产品的设计找到切入点。

2. 调查对象及范围

淘宝、天猫等电子商务平台、新晋父母、现有技术文献

3. 调查内容

淘宝、天猫等电子商务平台上婴儿监护产品的价格、功能等；新晋父母对婴儿监护产品功能需求以及他们在婴儿监护过程中遇到的问题；现有技术对我们原来头脑风暴产生的创意能否支持等。

4. 调查方法细化

不同的调研对象需要采取不同的调研方法，因此需要对调研方法进行细化。

针对淘宝、天猫等电子商务平台采用桌面调研的方法；

针对新晋父母采用调查问卷、观察法、访谈法；

针对现有技术文献采用文献调研的方法。

5. 调查参与人员分工

本小组人员：于康康、崔宴宾、姜晨菡、赵婉茹

具体分工：于康康主要负责现有技术的文献调研工作，在 5 月 30 日之前掌握 Arduino 相关的编程基础和技术准备，并且辅助其他组员进行调研结果统计和汇总分析。崔宴宾主要负责针对淘宝等电子商务平台进行桌面调研，6 月 2 日之前绘制相应的竞品分析图和产品定位图。姜晨菡、赵婉茹主要负责用户研究，根据制定的调研问卷和访谈问卷进行相应的用户调研工作，在 5 月 30 日之前完成调研并制作调研报告。

三、调研结果分析

搜集调查问卷结果，深入分析数据并归纳总结，得出结论。

四、调研结论及预测

对结论进行检验和修正，根据调研结果初步分析产品的功能和需求。

附录二

关于婴儿监护产品的调研问卷（目标用户）

访问时间 _____ 访问地点 _____ 访问员 _____

您好！

我们现在在做一份关于婴儿监护产品的调查问卷，希望能得到您的大力支持和协作，衷心感谢您对我们工作的支持。

众所周知，婴儿监护是新晋父母关注的一个十分重要的问题，父母总是希望能给孩子提供最好的无微不至的照料。在此我们将对婴儿监护过程中存在的问题进行调研，希望针对问题找到相应的解决方案，使父母更加快乐、便捷地照顾婴儿。

一、热身题：请在符合的条件"□"上打"√"。

1. 您的孩子是男孩还是女孩？

　　　　　　　　□男孩　　　　　　　　□女孩

2. 您家里有婴儿监护类的产品吗？

　　　　　　　　□有　　　　　　　　□没有

3. 你身边有亲友或者同事有使用婴儿监护类产品的吗？

　　　　　　　　□有　　　　　　　　□没有

二、1. 您在照顾您的孩子时曾经遇到过哪些问题或者不便？在字母上打"√"。

　　A. 孩子夜里啼哭，自己没有听到。

　　B. 孩子尿床了，一直在哭，刚开始不知道是什么原因。

　　C. 室温太高了，不适合孩子的健康成长。

　　D. 手机、电视等家用电器的辐射会不会对孩子的健康造成影响。

　　E. 您想不想随时看看您孩子的状况。

　　F. 不知道所冲的奶粉是多少度是最适宜您宝宝喝的温度。

　　G. 给宝宝冲奶粉需要多次往脸上贴，太麻烦。

　　H. 夜间来到宝宝房间里，不敢开灯，环境太黑，容易撞到东西。

2. 上面题目中的各个问题中哪些最适合用来描述您平时遇到的尴尬？

（5个）按照重要程度排序_____ _____ _____ _____ _____

如果上面问题不全面，你可以补充一些您平时在婴儿照顾过程中的问题吗？

_____

_____

_____

_____

三、1. 您希望婴儿监护产品有哪些功能？在字母上打"√"。

A. 婴儿啼哭提醒　　　　　　　B. 耐温测试提醒

C. 测量室内温度　　　　　　　D. 观看婴儿活动

E. 辐射值超标提醒　　　　　　F. 婴儿尿湿提醒

G. 与婴儿对话　　　　　　　　H. 小夜灯功能

2. 上面选项中的各个功能哪些功能您认为是您最需求的？

请填写 5 个选项并按照需求程度排序＿＿＿＿＿　＿＿＿＿＿　＿＿＿＿＿　＿＿＿＿＿　＿＿＿＿＿

3. 您期望的婴儿监护产品需要有哪些功能？

＿＿＿＿＿＿＿＿＿＿＿＿＿＿＿＿＿＿＿＿＿＿＿＿＿＿＿＿＿＿＿＿＿＿＿＿＿

＿＿＿＿＿＿＿＿＿＿＿＿＿＿＿＿＿＿＿＿＿＿＿＿＿＿＿＿＿＿＿＿＿＿＿＿＿

＿＿＿＿＿＿＿＿＿＿＿＿＿＿＿＿＿＿＿＿＿＿＿＿＿＿＿＿＿＿＿＿＿＿＿＿＿

＿＿＿＿＿＿＿＿＿＿＿＿＿＿＿＿＿＿＿＿＿＿＿＿＿＿＿＿＿＿＿＿＿＿＿＿＿

四、请在下面符合您条件的序号后的（　）打"√"。（您填写的内容我们会绝对保密，请您放心填写。）

1. 性别：□男　　　□女

2. 年龄：□ 22 岁以下　　　□ 22 ~ 25 岁　　□ 25 ~ 30 岁　　□ 30 ~ 35 岁　　□ 35 岁以上

3. 行业类型：

□金融保险　□房地产　□交通运输　□商业　□教育　□政府机构　□制造加工业　□其他＿＿＿＿＿；

4. 单位性质：

□国有企业　□三资企业　□私营企业　□政府机构　□自由职业　□其他＿＿＿＿＿＿；

5. 平均年收入：

□ 3 ~ 5 万　□ 5 ~ 6 万　□ 8 ~ 12 万　□ 12 万以上

6. 教育背景：

□大专以下　□大专 – 本科　□硕士以上

问卷到此结束，再次感谢您的参与！祝您事事顺心，万事如意！

附录三

关于婴儿监护产品的访谈问卷（目标用户）

访问时间 ＿＿＿＿＿ 访问地点 ＿＿＿＿＿ 访问员 ＿＿＿＿＿

您好！

我们现在在做一份关于婴儿监护产品的调查问卷，希望能得到您的大力支持和协作，衷心感谢您对我们工作的支持。

众所周知，婴儿监护是新晋父母关注的一个十分重要的问题，父母总是希望能给孩子提供最好的无微不至的照料。在此我们将对婴儿监护过程中存在的问题进行调研，希望针对问题找到相应的解决方案，是父母更加快乐便捷地照顾婴儿。

1. 您的宝宝是男孩还是女孩？

2. 您家里有婴儿监护类的产品吗？

3. 你身边有亲友或者同事有使用婴儿监护类产品的吗？

4. 您在照顾您的孩子时曾经遇到过哪些问题或者不便？

5. 如果有一款产品能帮助您更好地照顾您的宝宝，你希望这个产品有哪些功能？

6. 如果有款婴儿监护产品能帮助您实现这些功能，您能接受的价位可能是多少？

7. 能简单说一下您的一些基本信息吗？

附录四

关于微波炉的调研问卷（消费者）

访问时间 _____ 访问地点 _____ 访问员 _____

您好！

我们现在在做一份关于微波炉产品的调查问卷，希望能得到您的大力支持和协作，衷心感谢您对我们工作的支持。

众所周知，微波炉是现代家庭烹饪过程中一款常用的产品。在此我们将微波炉的购买和使用过程中存在的问题进行调研，希望针对问题找到相应的解决方案，使用户更加快乐便捷地使用微波炉。

一、选择题：请在符合的条件选项字母上打"√"。

1. 您认为微波炉是您的必需品吗？

    A. 是　　　　　　B. 不是　　　　　　C. 看生活条件

2. 您现在使用的是什么牌子的微波炉？

    A. 美的　　　B. 海尔　　　C. 格兰仕　　　D. 松下　　　E. 其他（注明）_____

3. 您在买微波炉的时候会首先考虑什么因素？

    A. 价格　　　B. 外观风格　　　C. 是否高科技智能化

    D. 卖家活动　　　E. 品牌　　　F. 省电

    G. 操作方便　　　H. 安全性能好　　　I. 其他（注明）_____

4. 您倾向于购买下列哪种操作界面的微波炉？

    A. 智能触屏（按键）板　　　　　B. 机械旋钮　　　　　C. 带屏幕选择的旋钮板

5. 您认为微波炉经常会出什么问题？（可多选）

    A. 门板变形　　　B. 程序出错（死机）　　　C. 不易清洗

    D. 没什么问题　　　　　　E. 有问题（注明什么问题）_____

6. 您喜欢哪种开门方式？（不一定要买）

    A. 下拉　　　B. 侧拉　　　C. 上拉　　　D. 按钮按下弹开

7. 您希望微波炉有什么改进吗？

    A. 外观　　　B. 功能　　　C. 操作界面　　　D. 节能环保

    F. 安全系数　　　G. 清洗方便　　　H. 其他（注明）_____

8. 您在微波炉工作时，会离该房间吗？

    A. 会　　　　　　B. 不会

9. 您在什么情况下会使用微波炉？（可多选）

    A. 热饭　　　B. 煮饭　　　C. 想做零食甜点之类

    D. 做菜　　　E. 解冻　　　F. 热奶

    G. 烧烤　　　H. 其他（注明内容）_____

10. 您希望微波炉的颜色是？

    A. 单一色彩为主　　　　　　B. 色彩斑斓

11. 您希望微波炉的造型是？

    A. 方形平直面板　　　　　B. 个性不受约束的形状　　　　　C. 其他（注明）_____

12. 您家的微波炉使用时间是？

    A. 半年以内   B. 一年左右   C. 两年左右

    D. 三年左右   E. 三年以上

13. 请问您一个星期使用微波炉的次数是？

    A.0—5 次   B.5—10 次   C.10 次以上

14. 您知道微波炉使用的注意事项吗？

    A. 我很清楚   B. 知道一点   C. 不清楚

15. 您看得懂微波炉自带的烧烤、蒸、煮等功能并会使用吗？

    A. 看得懂也会   B. 看不懂也不会

    C. 看得懂但不会   D. 看不懂但想用

16. 您觉得现在微波炉的操作界面怎么样？

    A. 非常复杂   B. 有点复杂

    C. 一般   D. 比较简单

17. 您理想的微波炉价格？

    A.1000 元以下   B.1001～2000 元

    C.2001～3000 元   D.3001 元以上

18. 您希望微波炉给人的感觉是？（可多选）

    A. 新颖   B. 精致   C. 张力   D. 硬朗

    E. 柔和   F. 厚重   G. 小巧   H. 机械感

    I. 简洁   J. 结实   K. 科技   L. 几何感

    M. 动感

19. 您希望微波炉的表面是？

    A. 亚光金属   B. 光泽金属   C. 透明 / 半透明塑料

    D. 烤瓷质感塑料   E. 细腻磨砂塑料   F. 不同材质组合

二、请在下面符合您条件的选项字母上打"√"。（您填写的内容我们会绝对保密，请您放心填写。）

1. 请问您的性别是？

    A. 男   B. 女

2. 您的职业是：

    A. 住校学生   B. 不住校学生   C. 独居的人

    D. 小家庭（群居）的一员   E. 大家庭（群居）的一员

3. 您的年龄段在？

    A.15 以下   B.15～20   C.21～25   D.26～30

    E.31～40   F.41～50   G.51～60   H.60 以上

4. 您目前的月收入？

    A. 无收入   B.2000 元以下   C.2000～3000 元   D.3000～5000 元

    E.5000～8000 元   F.8000 元以上

问卷到此结束，再次感谢您的参与！祝您事事顺心，万事如意！

参考文献

［1］吴翔. 产品系统设计 [M]. 北京：中国轻工业出版社，2004.

［2］计静，郑祎峰. 产品系统设计 [M]. 合肥工业大学出版社，2009.

［3］李彦，李文强. 创新设计方法 [M]. 北京：科学出版社，2013.

［4］白晓宇. 产品创意思维方法 [M]. 西南师范大学出版社，2008.

［5］杨向东. 产品系统设计 [M]. 北京：高等教育出版社，2008.

［6］张伟社，张涛. 产品系统设计 [M]. 西安：陕西科学技术出版杜，2006.

［7］张同. 产品系统设计 [M]. 上海：上海人民美术出版社，2004.

［8］张学东. 产品系统设计 [M]. 合肥：合肥工业大学出版社，2009.

［9］张凌浩，刘钢. 产品形象视觉设计 [M]. 南京：东南大学出版社，2005.

［10］金涛，闫成新，孙峰，等. 产品设计开发 [M]. 北京：海洋出版社，2010.

［11］李世国，顾振宇. 交互设计 [M]. 北京：中国水利水电出版社，2012.

［12］何人可. 工业设计史 [M]. 北京：北京理工大学出版社，2010.

［13］刘立红. 产品设计工程基础 [M]. 上海：上海人民美术出版社，2005.

［14］江湘芸. 设计材料及加工工艺 [M]. 北京：北京理工大学出版社，2003.

［15］张宇红. 工业设计——材料与加工工艺 [M]. 北京：中国电力出版社，2012.

［16］卢艺舟，华梅立. 工业设计方法 [M]. 北京：高等教育出版社，2009.

［17］边守仁. 产品创新设计 [M]. 北京：北京理工大学出版社，2002.

［18］杨富裕. 创意活力——产品设计方法论 [M]. 长春：吉林科学技术出版社，2004.

［19］孙骏荣，吴明展，卢聪勇. Arduino 一试就上手 [M]. 北京：科学出版社，2011.

［20］丁玉兰. 人机工程学 [M] 北京：北京理工大学出版社，2007.

［21］张宇红. 人机工程与工业设计 [M] 北京：中国水利水电出版社，2011.

［22］李世国. 体验与挑战：产品交互设计 [M] 南京：江苏美术出版社，2008

［23］李峰. 吴丹编著. 人机工程学 [M] 北京：高等教育出版社，2009.

［24］柳冠中. 事理学论纲 [M] 长沙：中南大学出版社，2006.

［25］[美]唐纳德·诺曼. 设计心理学 [M]. 梅琼，译. 北京：中信出版社，2003.

［26］[日]原研哉. 设计中的设计 [M]. 朱鄂译. 济南：山东人民出版社，2006.

［27］[荷]斯丹法诺·马扎诺. 设计创造价值——飞利浦设计思想 [M]. 蔡军，宋煜，徐海生，译. 北京：北京理工大学出版社，2002.

［28］李砚祖. 设计之维 [M]. 重庆：重庆大学出版社，2007.

［29］许国志. 系统科学 [M]. 上海：上海科技教育出版社］，2000.

［30］[美]CraigVogel. 创造突破性产品 [M]. 辛向阳，译. 机械工业出版社，2011.

［31］[英]戴维–布莱姆斯顿. 产品概念构思 [M]. 陈苏宁，译. 北京：中国青年出版社，2009.

［32］[美]Donald A Norman. 未来产品的设计 [M]. 刘松涛，译. 电子工业出版社，2009.

［33］Jesse James Garrett. The Elements of User Experience:User–Centered Design for the Web and Beyond[M] 2nd ed. 北京：中国水利水电出版社，2011.

［34］曾凡利. 产品设计模型易用性研究 [D]. 硕士学位论文. 昆明：昆明理工大学，2011.

［35］樊静. 特性列举法对个体创造性思维产出影响的研究 [D]. 苏州：苏州大学，2005.

［36］陆春晖，陆晓东．设计系统观及其作用 [J]．起重运输机械，2007．12.

［37］刘艳芹，高栋．论系统的自组织性 [J]．科教文汇，2008，10.

［38］杨子漩．实用功能与审美功能在产品设计中的应用研究 [J]．大众文艺，2011.

［39］江湘芸，耿耀宏．用材料思考——产品设计中的材料运用 [A]//Proceedings of the 2006 International Conference on Industrial Design & The 11th China Industrial Design Annual Meeting: Volume2/2[C]，2006.

［40］滕发祥．一种成熟的创新技法——列举法 [J]．专家论坛．2004.

［41］何文波，魏风军．组合法在创新设计上的应用 [J]．包装工程，2009.

［42］童伟林．浅析产品造型设计三要素 [J]．艺术与设计，2011.

［43］陶裕仿，熊兴福．从产品形态设计角度谈模型制作 [J]．包装工程，2007.

［44］http://baike.baidu.com/view/.htm.

［45］http://www.gxqcw.com/ask/asksee.asp?id=164.

［46］http://wenku.baidu.com/view/.html.

［47］http://course.cau-edu.net.cn/course/Z0065/ch09/se03/slide/slide03.html.

［48］http://www.doc88.com/p-5466119927643.html.

［49］http://wiki.mbalib.com/wiki/.

［50］http://www.doc88.com/p-9177315051591.html.

［51］http://shichangdiaoyan.banzhu.com/article/shichangdiaoyan-13-5166348.html.